Patient Tier

Geflügelkrankheiten

Patient Tier

Herausgeber
Prof. Dr. Hellmut Woernle

Hellmut Woernle

Geflügelkrankheiten

71 Farbfotos
22 Zeichnungen
18 Tabellen

E.U.
VERLAG
EUGEN
ULMER

Umschlagfoto:
Heinz Reinhard, Heiligkreuzsteinach

Die Deutsche Bibliothek – CIP-Einheitsaufnahme

Woernle, Hellmut:
Geflügelkrankheiten / Hellmut Woernle. - Stuttgart : Ulmer 1994
(Patient Tier)
ISBN 3-8001-7290-9

Wollgrasweg 41, 70599 Stuttgart (Hohenheim)
Printed in Germany
Lektorat: Dr. Nadja Kneissler
Herstellung: Heide Siegemund
Einbandentwurf: Alfred Krugmann, Freiberg am Neckar
Satz, Druck und Bindung: Interdruck Leipzig GmbH

In diesem Buch sind die Namen von Medikamenten, die zugleich eingetragene Warenzeichen sind, als solche nicht besonders kenntlich gemacht. Es kann also aus der Bezeichnung der Ware mit dem für diese eingetragenen Warenzeichen nicht geschlossen werden, daß die Bezeichnung ein freier Warenname ist. Die Markennamen wurden nur beispielhaft aufgeführt. Hinsichtlich der in diesem Buch angegebenen Dosierungen von Medikamenten usw. wurde die größtmögliche Sorgfalt beachtet. Gleichwohl werden die Leser aufgefordert, die entsprechenden Prospekte der Hersteller zur Kontrolle heranzuziehen.

Bildquellen

Die Fotos auf S. 78 re., S. 80, S. 85 li., S.87, S. 102, S. 103, S. 104 re., S. 108 oben, S. 111 wurden von Dr. H. M. Hafez, Stuttgart, zur Verfügung gestellt. Alle anderen Fotos stammen aus dem Archiv des Autors.
Die Zeichnungen fertigte Brigitte Zwickel-Noelle nach Vorlagen des Autors und aus der Fachliteratur.

Vorwort

Beim Geflügel kann das Wissen über Krankheiten, Krankheitsabläufe und Krankheitsvorbeuge viel zur Gesunderhaltung beitragen, sind doch die störenden Einwirkungen wie bei kaum einer anderen Tierart erforscht. Auch stehen eine Vielzahl von Impfstoffen zum Schutz vor den gefürchteten Viruskrankheiten zur Verfügung. Obwohl die genaue Krankheitsermittlung und das Einleiten einer geeigneten Behandlung oder Impfung dem Tierarzt überlassen bleiben müssen, soll diese kurze Übersicht über die verschiedenen Krankheiten und deren Ursachen doch zum Verständnis der Probleme und zu vorbeugenden Maßnahmen anregen. Da das Wohlbefinden der Tiere ganz entscheidend von ihrer Gesundheit abhängt, ist Krankheitsvorsorge gleichzeitig auch praktizierter Tierschutz.

Besonders beim Huhn zeigt sich ein interessantes Zusammenspiel der verschiedensten Faktoren beim Zustandekommen einer Krankheit.

Die Beschreibung der einzelnen Krankheiten erfolgte, soweit möglich, entsprechend dem Vorkommen in bestimmten Altersphasen. Dadurch soll die Aufmerksamkeit des Tierhalters auf mögliche Gefahren innerhalb der Altersstufen gelenkt werden. Wer sich für die systematische Einteilung der Krankheitserreger interessiert, kann diese den Seiten 30–34 entnehmen. Darüber hinaus sind die Besonderheiten des Geflügels im Hinblick auf Körperbau und Lebensfunktionen auf den Seiten 8–20 aufgeführt. Da Geflügel oder seine Produkte in der Regel in den Lebensmittelbereich gelangen, ist das Wissen über Geflügelkrankheiten auch aus lebensmittelhygienischer Sicht nützlich.

Wegen der stärkeren Verbreitung der Hühner im Vergleich zu Truthühnern und Wassergeflügel befaßt sich der Schwerpunkt des Buches mit dem kranken Huhn.

Einzelne Farbfotos hat freundlicherweise mein Kollege Dr. H. M. Hafez zur Verfügung gestellt, dem ich an dieser Stelle besonders danken möchte.

Stuttgart, Frühjahr 1994 Hellmut Woernle

Inhaltsverzeichnis

Anatomische und physiologische Besonderheiten des Geflügels

Skelett

Körperbau (Anatomie) und Ablauf der Lebensvorgänge (Physiologie) des Geflügels sind wie bei allen Vögeln besonders auf die Flugfähigkeit ausgerichtet. Zur Versteifung verknöchert das Skelett schon sehr frühzeitig, was den hohen Vitamin-D-Bedarf des Kükens erklärt. Der **Schultergürtel** ist als Verbindung von Flügel und Rumpf stark ausgebildet. Die kräftigen Rabenbeine dienen als Stütze zwischen den im oberen Brustkorbbereich liegenden Schulterblättern und dem den Brustkorb unten abschließenden flachen Brustbein, wo die wesentlichen Flugmuskeln angeheftet sind. Eine Gelenkvertiefung im Rabenbein nimmt zusammen mit einer Vertiefung im Schulterblatt den Gelenkkopf des Oberarmknochens auf. Eine Gelenkwalze stellt die Verbindung zum Brustbein her, wo auch die Schlüsselbeine, zum V- oder beim Wassergeflügel U-förmigen Gabelbein vereint, bindegewebig angeheftet sind. Auch die Gabeläste sind nur bindegewebig mit dem jeweiligen Rabenbein und Schulterblatt verbunden, verhindern aber ein Abdrängen der Schultergelenke vom Brustkorb beim Flug.

Ebenso zeigt die **Wirbelsäule** wegen der zum Flug notwendigen Versteifung Besonderheiten. Bei Huhn und Taube sind der zweite bis fünfte Brustwirbel miteinander verwachsen, der siebte Brustwirbel bildet schon zusammen mit den Kreuz-, Lenden- und einzelnen Schwanzwirbeln das knöcherne Becken. Die Verbindung zwischen viertem und fünftem Brustwirbel ist aber so schwach, daß es bei fütterungsbedingten Entkalkungserscheinungen zum Bruch und zur Blutung in den Wirbelkanal kommt, was sich dann als Lähmung zeigt, bei Ruhigstellung aber wieder ausheilt. Zur Gewichtserleichterung sind Oberarm- und Kopfknochen pneumatisiert. Der Kopf, beim Geflügel durch 13 bis 18 Halswirbel sehr beweglich, dient mit dem Schnabel als Greiforgan.

Der **Beckenboden** ist als Durchlaß für die Vogeleier offen, der Schambeinabstand gibt einen Hinweis auf die Legetätigkeit. Die Mittelfußknochen sind zum langen Laufknochen, dem sogenannten Lauf, vereint. Auch die Zehen, in der Entwicklungsgeschichte noch fünffach vorhanden, sind bei den heutigen Geflügelarten reduziert. In der Regel sind beim Hausgeflügel drei Zehen, die zweite, dritte und vierte Zehe, nach vorn und die erste Zehe, etwas höher angesetzt, nach hinten gestellt. Das äußerste Zehenglied ist mit einer krallenartigen Hornscheide überzogen.

Atmung

Flugtiere haben einen hohen Sauerstoffbedarf. Der intensive Gasaustausch erfolgt in den beiden Lungenflügeln. Zur Unterstützung der Durchströmung der **Lungen** dienen die in der zwerchfellosen Leibeshöhle liegenden insgesamt neun **Luftsäcke,** Ausstülpungen der Bronchien. Die über die Lungen einfließende Luft wird blasebalgartig wieder durch die Lungen zurückgedrückt. Die Ausdehnung der Luftsäcke bis in die Oberarm- und flachen Kopfknochen hilft zugleich das Körpergewicht zu vermindern. Beim panikartigen Zusammendrängen einer Hühnerherde führt aber dann die Einengung des Brustkorbes, zumal das Zwerchfell fehlt, innerhalb von wenigen Minuten zum Ersticken der Tiere.

Der umfangreiche Kontakt von Lungen und Luftsäcken zur Atemluft wird auch zur Regulierung der Körpertemperatur benutzt. Da die dünne

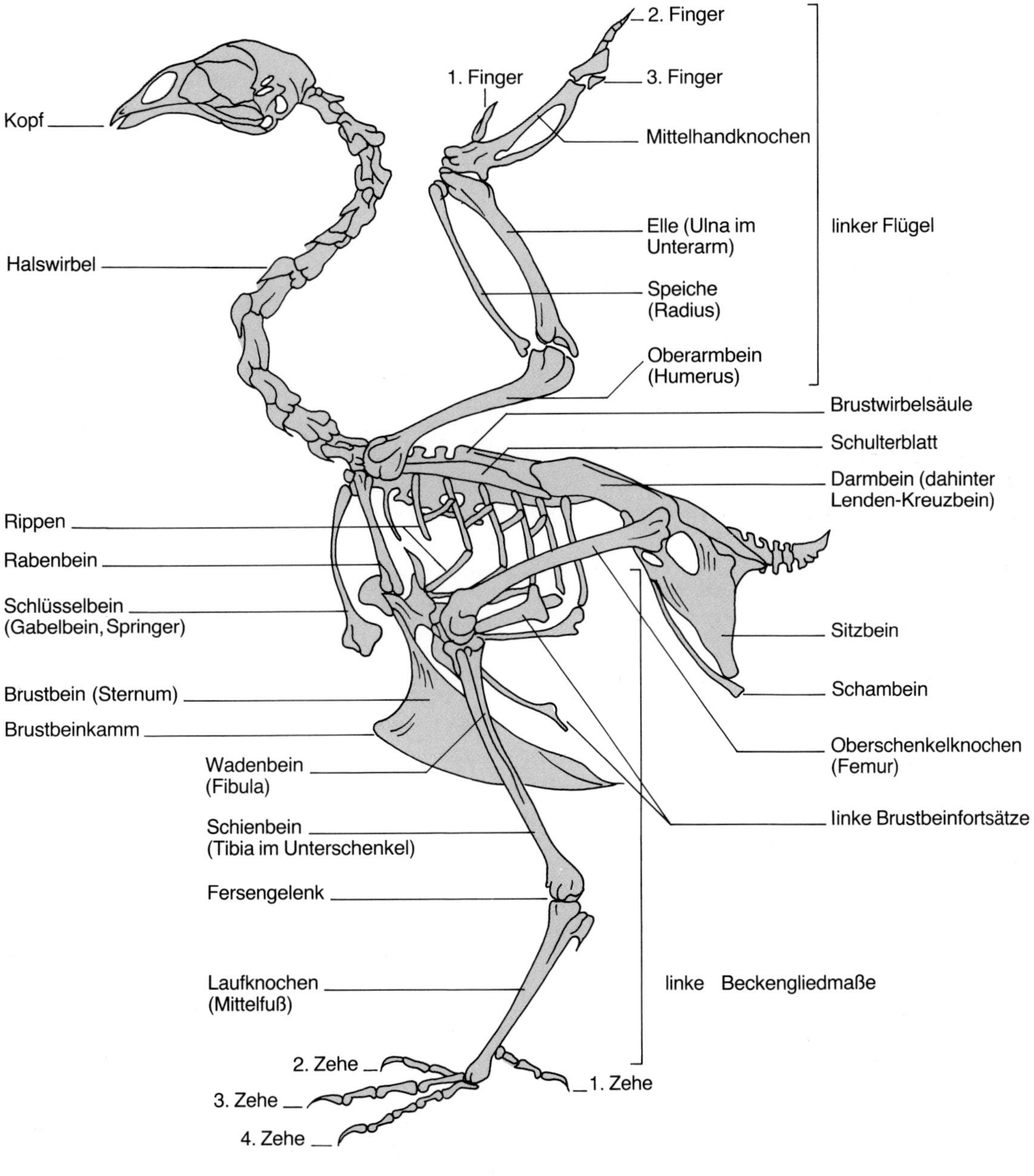

Skelett des Huhnes (nach HOFFMANN und VÖLKER 1966).

Vogelhaut keine Schweißdrüsen aufweist, zeigt sich bei heißer Außentemperatur die notwendige Wärmeabgabe durch intensives Atmen bei geöffnetem Schnabel (Schnabelatmung). Die gute Durchlüftung der Lungen ermöglicht eine so reichliche Sauerstoffversorgung, daß verhältnismäßig kleine Lungen, rückwärtig bindegewebig an der hinteren Brustwand angeheftet, ausreichen. Nachteilig ist, daß die weitverzweigten Atemwege anfällig für Pilzinfektionen und für bakterienbedingte Entzündungsprozesse sind.

Verdauungsorgane

Das Futter wird vorzugsweise nach Farbe und Form ausgewählt. Der **Gesichtssinn** ist wie der **Tastsinn** im Schnabel oder der **Gehör- und Gleichgewichtssinn** beim Vogel gut ausgebildet. Dagegen ist beim Huhn, nicht jedoch bei Taube und Wassergeflügel, der **Geschmacks- und Geruchssinn** nur schwach ausgeprägt. Auch bittere Arzneimittel werden vom Huhn problemlos über das Trinkwasser aufgenommen. Korpuskuläre

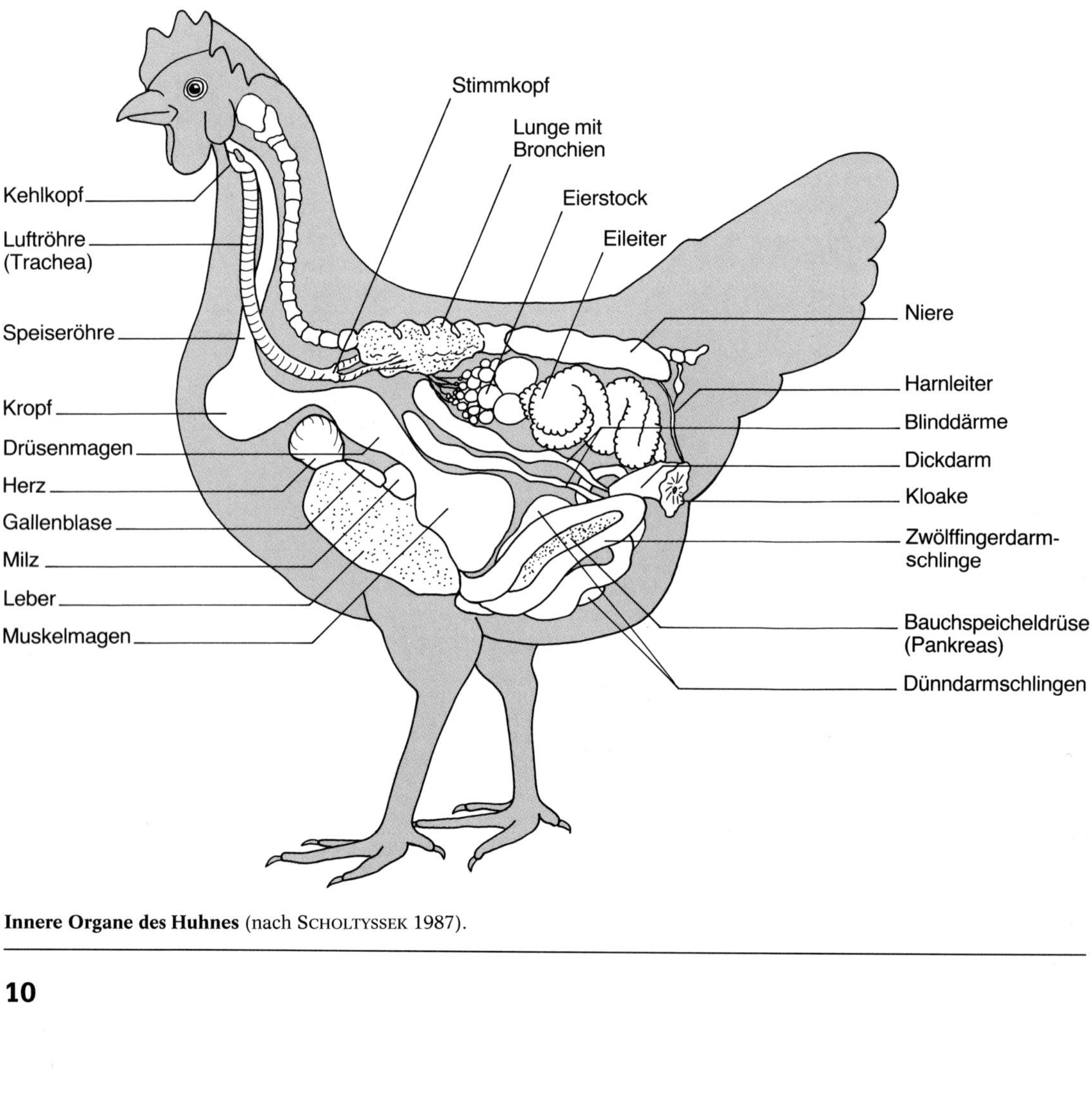

Innere Organe des Huhnes (nach SCHOLTYSSEK 1987).

Futterstoffe wie Getreidekörner zieht das Huhn den Futtermehlen vor.
Die Aufnahme von Quarzsand ist notwendig für die Arbeit und Kräftigung des Muskelmagens. Zähne und Kaumuskulatur wären für ein Flugtier im Bereich des Kopfes zu schwer. So liegt der **Muskelmagen** mit aufgenommenen Quarzsteinen als Zahnersatz in der Leibeshöhle, im Schwerpunkt des Vogelkörpers (Kaumagen). Beim körnerfressenden Huhn wird die Füllung des Muskelmagens über den **Kropf,** eine Ausstülpung der Speiseröhre, geregelt, wo zugleich ein Aufquellen der Nahrung erfolgt. Noch vor dem Muskelmagen muß der Kropfinhalt aber den kleinen **Drüsenmagen** passieren, der mit dem Magen der Säugetiere vergleichbar ist. Dort wird Pepsin und Salzsäure zur Einleitung der Eiweißverdauung produziert.
Die Durchmischung der Salzsäure mit dem Nahrungsbrei im Muskelmagen dient aber auch zur Abtötung der über Futter oder Einstreu aufgenommenen krankmachenden Keime, wobei die *Salmonella*-Bakterien am meisten gefürchtet sind. Wichtig ist deshalb, den Hühnern stets etwas Quarzsand zur Verbesserung der Arbeit des Muskelmagens anzubieten.
Der **Zwölffingerdarm** umschlingt die Bauchspeicheldrüse. Die Spitze seiner Schleife liegt nahe der Kloake und kann, wenn Kannibalismus vorliegt, beim Anpicken leicht nach außen gezogen werden. Als weitere Besonderheit fallen beim Hausgeflügel die beim Huhn 12 bis 25 cm, bei der Gans bis zu 34 cm langen, paarig angelegten **Blinddärme** auf. Mit ihrer Bakterienflora ermöglichen sie eine Restverdauung mit gleichzeitiger Vitaminproduktion. Die Blinddärme dienen aber auch einigen Darmparasiten und krankmachenden Bakterien als Lieblingssitz. Der bräunliche Blinddarmkot wird getrennt und ungefähr zehnmal seltener als der sonstige Darminhalt abgesetzt. Bei der Taube sind die Blinddärme allerdings ganz zurückgebildet und nur als kleine Ausstülpungen zu erkennen.
In die **Kloake** als Endabschnitt des Grimmdarmes münden auch Harn- und Ei- oder Samenleiter. Eine Harnblase fehlt. Die von den langen, der Wirbelsäule rechts und links anliegenden Nieren kommenden Harnleiter sind nur dann deutlich zu erkennen, wenn sie krankhaft mit Harnsäure angefüllt sind.

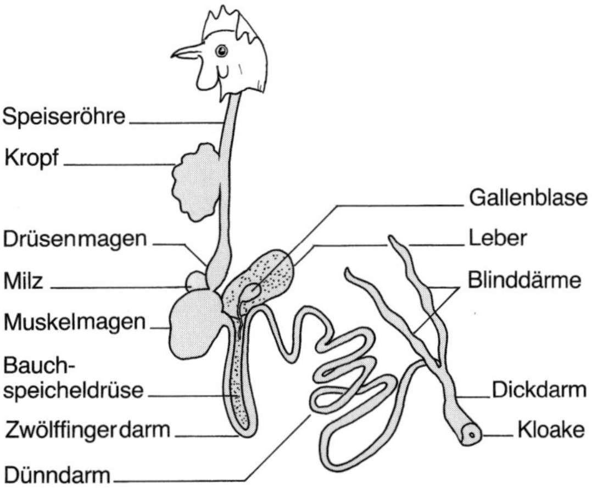

Magen-Darm-Kanal des Huhnes
(nach SCHOLTYSSEK 1987).

Über der Kloake liegt die nur bei Vögeln anzutreffende **Bursa Fabricii.** Es handelt sich um ein lymphatisches Organ, das namentlich in den ersten Lebenswochen zur Ausbildung des Immunsystems bedeutungsvoll ist. Es werden dort die Lymphozyten, die kleinen runden weißen Blutkörperchen, zu den Antikörper-bildenden Plasmazellen geprägt, die in der Immunologie nach dieser Bursa »B-Zellen« genannt werden und die nach Einwirkung von Krankheitserregern Schutzstoffe (Antikörper) in das Blutserum abstoßen. Auch bei Säugetieren und dem Menschen wird von »B-Zellen« gesprochen, obwohl dort Darmwandzellen die Funktion der Bursa übernommen haben. Wird die Bursa Fabricii bei Küken durch eine bestimmte Virusinfektion (Infectious Bursa Disease), welche diese Bursa als Zielorgan hat, geschädigt, so leiden die Tiere später an einer Immunschwäche mit einer erhöhten Anfälligkeit für Infektionskrankheiten.

Fortpflanzungsorgane

Die Entwicklung des Embryos erfolgt beim Geflügel wie bei jedem Vogel zur Erleichterung beim Flug im nach außen abgelegten Ei. Beim **Tretakt,** der in der Regel in den Nachmittagsstunden abläuft, erfolgt die Samenübertragung durch Vorstülpen und Zusammenpressen der Kloaken von Hahn und Henne. Im Gegensatz zum Begattungsorgan des Wassergeflügels befindet sich beim Hahn im unteren Bereich der Kloake nur ein kleiner Hügel. Beim Sortieren der Hühnerküken kann diese Vorwölbung durch Ausstülpen der Kloake von Geübten erkannt werden. Nach dem Zukauf von Zuchthähnen unkontrollierter Herkunft kann es vorkommen, daß beim Tretakt über die Kloake ein Hühnerherpesvirus und beim Festhalten der Henne am Kamm das Hühnerpockenvirus übertragen wird. In reinen Hennenhaltungen treten diese Virusinfektionen dagegen nur noch selten auf. Die Spermamenge beträgt je nach Geflügelart etwa 0,5 bis 1 ml und enthält mehrere Millionen Spermien, die in der Henne bis zu 3 Wochen, bei Puten sogar bis zu 50 Tagen befruchtungsfähig bleiben.

In der Hühnerzucht wird meistens zu 15 Hennen jeweils ein Hahn gegeben. Im Alter von etwa 5 Monaten sind die Hähne geschlechtsreif. Eine manuelle Samenübertragung ist bei Hühnern nicht üblich, zumal das Vogelsperma im Gegensatz zum Rindersperma außerhalb des Tierkörpers noch nicht wirksam konserviert werden kann. Lediglich bei der Putenzucht, wo die schweren Putenhähne beim natürlichen Tretakt eine hohe Belastung für die Putenhennen bedeuten, wird wöchentlich nach Massieren der Hähne Sperma abgesaugt, etwas verdünnt und unmittelbar danach in die Mündung des Eileiters der ausgestülpten Kloake der Hennen eingespritzt.

Wie die beiden **Hoden** der Hähne liegt bei den Hennen auch der **Eierstock** zentral im Schwerpunkt des Tierkörpers zwischen Lungenende und vorderem Teil der linken Niere. Von den zunächst ebenfalls paarig angelegten Eierstöcken reift aber nur der linke Eierstock und ebenso der linke Eileiter bis zur Geschlechtsreife aus, die bei Legehennen nach 150 bis 160 Tagen, bei Puten nach 220 bis 230 Tagen und bei Enten nach 150 bis 180 Tagen erreicht wird. Der rechte Eileiter ist gelegentlich noch als rudimentäres Gebilde in Form eines Anhängsels an der Kloake anzutreffen, manchmal sogar als eine hühnereigroße, mit klarer Flüssigkeit gefüllte Blase. Schon beim Küken läßt sich im Eierstock die Anlage von bis zu 4500 Eifollikeln zählen. Die reifen, gelben Follikel haben bereits die Größe des Eidotters. Nach dem Follikelsprung wird der Follikel vom Eileitertrichter übernommen und die Eizelle in der Keimscheibe, sofern ein Tretakt stattgefunden hat, im **Eileiter** befruchtet. Die Umhüllung der Dotterkugel mit Eiklar erfolgt vor allem im Eiweißteil des Eileiters und noch in der Eileiterenge, wo zusätzlich die unter der Eischale liegenden Schalenhäute angelagert werden. Im Eihalter (Uterus) verbleibt das Ei während der Bildung von Schale und Schalenoberhaut (Kutikula) etwa 20 Stunden liegen. Insgesamt dauert die Passage durch den Eileiter 24 bis 24,5 Stunden.

Beim Ausstoß des Eies stülpt sich nun der Scheidenteil des Eileiters mit dem Ei durch die Kloake nach außen. Ein zunächst ganz sauberes Ei wird gelegt. Die an der Luft sich verfestigende Kutikula schützt es weitgehend vor dem Eindringen von Bakterien.

Bei unreinen Legeplätzen besteht aber die Gefahr, daß die Scheide des Eileiters Darmbakterien auf-

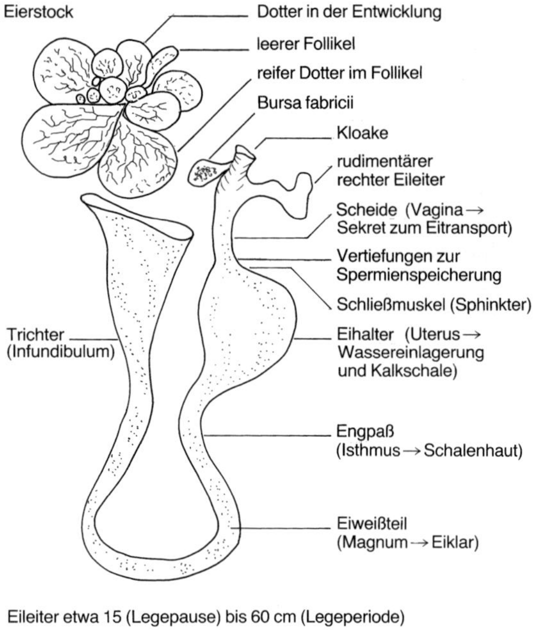

Eierstock und Eileiter (nach Scholtyssek 1987).

nimmt, die möglicherweise über den Eileitertrichter bis in die Bauchhöhle gelangen. So kommt es zur »Berufskrankheit« der Henne, zur Eileiter- und Bauchfellentzündung. Selbst Spulwürmer können auf diesem Weg in den Eileiter gelangen und später, nach Ausbildung der Eischale, innen im Speiseei gefunden werden. Wird die Henne beim Legeakt gestört, so reizt der noch ausgestülpte Legedarm die Nachbarhühner zum Kannibalismus, der schließlich bis zum Herausziehen des Zwölffingerdarmes führt.
Innerhalb einer Legeperiode, bis zur ersten Mauser, kann eine auf Legeleistung gezüchtete Henne bis zu 300 Eier legen, schwere Puten schaffen dagegen lediglich 50 bis 70 Eier.

Brut

Die **Brutdauer** ist bei den Vögeln unterschiedlich. Nachstehend sind die Daten für das Hausgeflügel zusammengefaßt.

Huhn	20–22 Tage
Pute	26–30 Tage
Ente	26–28 Tage
Gans	29–33 Tage
Perlhuhn	24–26 Tage
Wachtel	16–17 Tage
Taube	17–19 Tage
Fasan	21–24 Tage

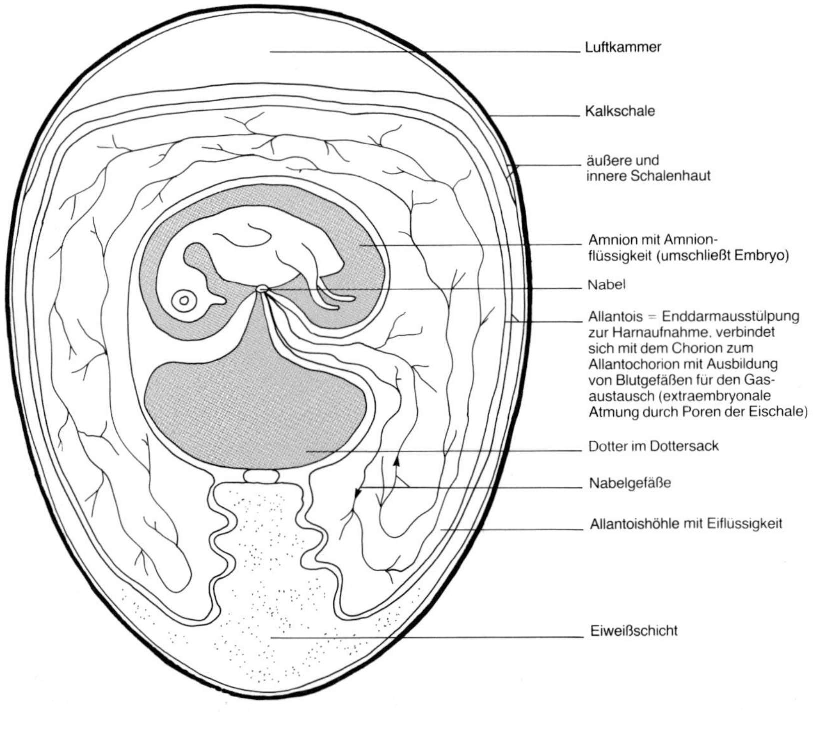

Embryo im Brutei.

Bei der **Kunstbrut** sind geringgradig schwankende Bruttemperaturen zu beachten, sie liegen aber alle im Bereich von 37 °C bis 38 °C.
Beim Huhn hat sich bis zum 17. Bruttag, bei der Pute bis zum 22. Tag, eine Temperatur von 37,8 °C bewährt, anschließend ist die Temperatur, weil die Küken bereits selbst Wärme produzieren, auf 37 °C zu senken. Bruteier von Wassergeflügel sind ab dem 10. Bruttag zweimal täglich bis auf Zimmertemperatur abzukühlen. Notwendig ist während, vor allem aber gegen Ende der Brut, für reichlich Luftfeuchtigkeit zu sorgen (60 %, dann 80 bis 90 % relative Luftfeuchtigkeit) und frische Luft zuzuführen. Außerdem sollten die Eier der Hühner und Puten viermal täglich und die des Wassergeflügels zweimal täglich gewendet werden. **Brutstörungen** sind im wesentlichen auf einen fehlerhaften Luftfeuchtigkeitsgehalt und eine ungenügende Frischluftzufuhr zurückzuführen. Über die 7000 bis 8000 Poren der Eischale erfolgt der Gasaustausch. Als extraembryonale Lunge dient dabei die der Schale anliegende Chorioallantoismembran, deren Allantoisteil, der embryonale Harnsack, reichlich mit Blutgefäßen durchsetzt ist. Die Abbildung auf Seite 13 zeigt die Entwicklung des **Embryos** im Brutei.

Körpertemperatur und Pulsfrequenz

Eine weitere Besonderheit des Geflügels ist die hohe **Körpertemperatur** (etwa 41 °C bis 42 °C) und die hohe **Pulsfrequenz:** Huhn 350 bis 470, Pute 200 bis 280, Gans 200, Taube 150 bis 250, Ente 175 bis 190 Schläge je Minute.
Die Pulsfrequenz ist also beim Geflügel ohne elektronische Hilfsmittel gar nicht meßbar. Dagegen könnte die Körpertemperatur durch Einführen eines geeigneten Thermometers in die Kloake leicht gemessen werden (Fangen und Festhalten der Tiere siehe Seite 21). Die für den Menschen gedachten Fieberthermometer sind jedoch ungeeignet, da sie nur für Temperaturen bis 42 °C ausgelegt sind, während Hühner im Fieber schnell Temperaturen über 43 °C erreichen. Ein fieberhafter Zustand ist aber leicht an der schweren Benommenheit der Tiere und bei legenden Hennen infolge der Blutgefäßerweiterung an der dunkelblauvioletten Farbe des Kammes zu erkennen. Ohne infektiöse Ursache treten solche Bilder meist nur bei einzelnen Tieren nach Kreislauflähmung infolge einer Herzmuskelschädigung oder einer Vergiftung auf. Bei chronisch verlaufenden Krankheiten, wie beispielsweise Leukose und Tuberkulose, wird der Kamm blaß und schrumpft schließlich.

Sinnesorgane

Beim Geflügel sind die Sinnesorgane an die besondere Lebensweise der Vögel angepaßt. Außerordentlich leistungsfähig ist der Gesichts- sowie der Gehör- und Gleichgewichtssinn. Das sehr gute **Sehvermögen** mit Hilfe der verhältnismäßig großen Augen ist zur Nahrungssuche notwendig. So wird ein Weizenkorn vom Hausgeflügel noch ungefähr auf einen Meter Entfernung erkannt. Ein blindes Huhn findet tatsächlich im freien Auslauf kein und im Futtertrog nur noch selten ein Korn. Die seitwärtige Augenstellung mit einem Panoramagesichtsfeld von nahezu 360 °C läßt Feinde frühzeitig erkennen. Schnelle Bewegungsabläufe im Umfeld können aber auch panikartige Flucht auslösen, was bei Stallhaltung zum Zusammendrängen, manchmal sogar zum Erdrücken führt. Wegen der schwach ausgebildeten Augenmuskeln erfolgt der gezielte Blick durch ruckartige Bewegungen des Kopfes. Das Futter wird aber nicht nur nach Korngröße, sondern auch nach Farbe beurteilt. Weicht eine neue Futterlieferung etwas in der Farbe von der vorhergehenden Charge ab, so wird vorübergehend weniger Futter aufgenommen.
Auch der gute **Gehörsinn** kann bei plötzlich auftretenden lauten Geräuschen, beispielsweise nahem Fluglärm, zu fluchtartigen Bewegungen innerhalb der Herde führen. Der Gehörsinn wird im übrigen zur Verständigung unter den Artgenossen, beispielsweise der Glucke und den Küken, benötigt. Zum Fliegen oder Schwimmen braucht jeder Vogel einen guten **Gleichgewichtssinn.**
Vor allem zur Futterauswahl dient der **Tastsinn** mit Tastkörperchen im Bereich des Schnabels. So ziehen Hühner Körner dem Mehlfutter vor. Da das

zahnlose Geflügel Quarzsand zur Unterstützung der Muskelarbeit benötigt, werden auch Sandkörner sehr gerne aufgenommen. Es empfiehlt sich daher, einmal wöchentlich jedem Tier einige Sandkörnchen und – an den Kalkgehalt des Fertigfutters angepaßt – Kalkgrit anzubieten.
Tastkörperchen befinden sich aber auch vermehrt unter den Flügeln, am Schwanz und an den Zehen. Ein Greifen der Tiere an den Flügeln, zumal während der Mauser, löst heftige Abwehrbewegungen und Schmerzensschreie aus (Fangen und Halten siehe Seite 21). Bei der Haltung auf Drahtgeflechten werden Erschütterungen in einem Umkreis von mehreren Metern wahrgenommen.
Der **Geschmacksinn** ist mit Ausnahme der Taube beim Hausgeflügel, besonders bei den Hühnern, wenig ausgeprägt. Bei älteren Tieren ist die Zunge ohnedies stark verhornt, die Nahrungsbestandteile werden ohne lange Prüfung schnell abgeschluckt. So kann Hühnern auch ein bitteres Medikament im Trinkwasser angeboten werden. Lediglich bei jungen Tieren ist gegebenenfalls etwas Zuckerzusatz nötig.
Der **Geruchsinn** ist beim Huhn nur wenig, beim Wassergeflügel etwas besser entwickelt.

Haut und Federkleid

Neben der wesentlichen Aufgabe der **Haut,** den Körper vor äußeren Einwirkungen zu schützen, hat sie beim Geflügel vor allem auch für die Ausbildung des **Federkleides** zu sorgen. Schweiß- und Talgdrüsen fehlen in der äußeren Haut. Bei Überwärmung des Organismus erfolgt die Abkühlung über die Atemluft (Wärmeverbrauch durch Verdunstung) und vermehrtes Atmen (Schnabelatmung). Zum Einfetten der Federn – lebensnotwendig beim Wassergeflügel – dient das Sekret der Bürzeldrüse; sie liegt über den letzten Kreuz- und ersten Schwanzwirbeln. Aus der Bürzelzitze ergießt sich das flüssigwachsartige Sekret in einen Kranz kleiner Federn, die zum Bürzeldocht verkleben. Mit dem Schnabel werden dann von dort aus die Federn eingefettet. Außerdem gibt es noch Ohrenschmalzdrüsen im äußeren Gehörgang.
Da sich die Hautnerven im wesentlichen auf den Bereich der Kiele der Schwung- und Steuerfedern sowie des Schnabels und der Zehen beschränken, reagiert die übrige Haut wenig auf äußere Reize. Kleinere Eingriffe nach Verletzungen, so das Ausräumen von Fibrinmassen etwa aus infizierten Kehllappen oder der Kropfschnitt sind möglich, ohne auffallenden Schmerz auszulösen, ebenso das Betupfen mit Jodlösung.
Die **Kopfanhänge** – Kamm, Kehllappen, Wangenbehänge – bestehen aus einem doppelten Hautgebilde mit blutgefäßreicher Lederhaut sowie Bindegewebe mit Fettzellen im Inneren. Die Blutfülle kann wechseln und ist geschlechtshormonabhängig. Auch die Schwimmhäute des Wassergeflügels enthalten zahlreiche Blutgefäßverbindungen, notwendig zum Schutz gegen Einfrieren.
Ein besonderes Hautgebilde sind die **Federn,** die sich mit den Schuppen der Reptilien vergleichen lassen. Wie die Haare bei behaarten Tieren aus Haarpapillen auswachsen, entstehen die Federn aus in der Lederhaut sitzenden Federpapillen. Eine Feder besteht aus Spule und Schaft mit Innen- und Außenfahne. Hauptbestandteil des Federkleides sind die Deckfedern, bei denen die Äste der Federfahnen durch Bogen- und Hakenstrahlen fest verbunden sind; dies ist zwingend erforderlich zur Festigung besonders der Schwingen und Steuerfedern. Bei den Flaumfedern fehlen die häkchenförmigen Fortsätze, sie haben daher schlaffe Fahnen und dienen, unmittelbar der Haut anliegend, dem Wärmeschutz. Hauptsächlich am Schnabelgrund sind noch Fadenfedern zu finden, die nur aus einem ganz dünnen Schaft mit kaum ausgebildeter Fahne bestehen. Bei männlichen Vögeln ist das Federkleid meist stärker ausgeprägt und oft bunter. Bei Rückbildung des Eierstocks werden Hennen jedoch auch mehr »hahnenfedrig«.
Bei heißem, trockenem Klima oder bei Stallhaltung im Bereich starker Sonneneinstrahlung neigen Hühner dazu, sich selbst und anderen Federn im Bereich des Rückens und des Schwanzansatzes auszurupfen, was schließlich zur kaum mehr beeinflußbaren Untugend wird (siehe Seite 95).
Zu Herbstbeginn kommt es bei Hühnern, im Sommer und Herbst bei Wassergeflügel, zur **Mauser.** Entscheidenden Einfluß auf das Auftreten der Mauser hat das kürzer werdende Tageslicht. Durch entsprechende Lichtprogramme, z. B. zu Legebeginn 12 Stunden Licht, zunehmend bis zu

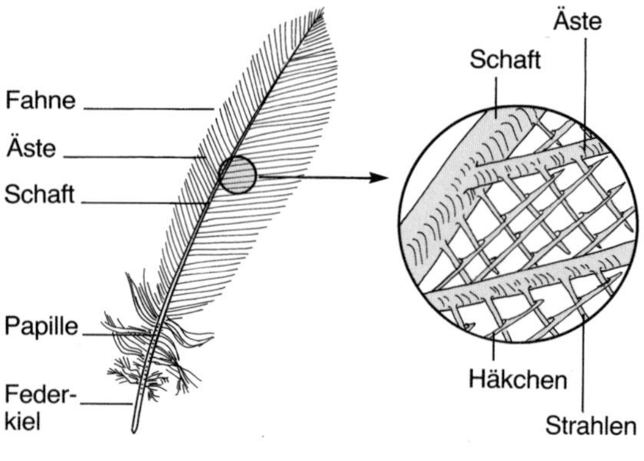

Bau einer Vogelfeder.

maximal 16 Stunden in der 28. bis 30. Lebenswoche, kann die Mauser bei reiner Stallhaltung hinausgeschoben und bis zur 75. Lebenswoche ein volles Legejahr mit bis zu 300 Eiern – je nach Rasse – erreicht werden. An der Auslösung der Mauser sind Hypophyse und Schilddrüse beteiligt. Injektionen von Schilddrüsenhormon, Futterentzug oder Krankheiten führen unabhängig von der Jahreszeit zur Mauser. Während der Mauser reagieren die Tiere besonders heftig beim Einfangen und Greifen. Überdies sind sie besonders krankheitsanfällig.
Brütende Hennen (Glucken) verlieren während der Brutzeit Federn auf der Bauchseite. In der Lederhaut erweitern sich Blutgeflechte, was zum Bild der Brutflecke führt. Beim Wassergeflügel entstehen Nestdunen, die sich die Tiere ausrupfen, um ihre Nester zum Schutz der Eier vor Kälte damit auszupolstern.

Tab. 1 Anatomische Besonderheiten des Geflügels und damit zusammenhängende Gesundheitsstörungen

Eigenheiten des Geflügels	Gesundheitsstörungen oder Besonderheiten
Brutei	
mit Lagerungseinflüssen und Transportschäden	embryonaler Frühtod im Brutei
Embryonale Entwicklung im Ei, Amnion, Chorioallantoismembran (CAM)	Infektionen des Eidotters und Kontaminationen der Eischale (auch lebensmittelhygienische Bedeutung) Leukose-Virus, av. Encephalomyelitis-Virus, CELO-(Adeno-)Virus Salmonellen *(Salmonella pullorum, S. enteritidis), E.coli, Staphylokokken, Streptokokken, Pseudomonas aeruginosa* Mykoplasmen seltener Infektiöse Bronchitis, Newcastle Disease, *Mycobacterium avium* (Geflügeltuberkulose), inf. *Laryngotracheitis,* REO-Virus
Kalkschale etwa 7500 Poren (luftdurchlässig) Cuticula (Schleimüberzug zum Abhalten von Bakterien)	Ornithose bei Enten, Tauben, Puten
Mangelernährung der Elterntiere, Brutfehler (Sauerstoffmangel, nicht angepaßte Bruttemperatur, zu geringe Feuchtigkeit)	ungenügende Schlupffähigkeit, mangelhafte Dottersackresorption
Hospitalismus (Bakterienhäufung in der Brüterei), Zugluft in Brüterei!	Nabelinfektionen
Kunstbrut und isolierte Aufzucht	Abreißen einer gewünschten Infektionskette (subklinische Durchseuchung im Jungtieralter bleibt aus, Ersatz: Impfungen!)

Tab. 1 Fortsetzung

Eigenheiten des Geflügels	Gesundheitsstörungen oder Besonderheiten
Skelett	
Schnabel zahnlos frühe Verknöcherung (auch der sternalen Rippen)	Verdauungsstörungen bei Sandmangel Rachitis bei Küken, Osteomalazie der Hennen
Laufknochen in abnormaler Stellung	Perosis (Abrutschen der Gastrocnemiussehne vom Sprunggelenk)
Knochensystem	tuberkuloseanfällig
Medullarknochen (östrogenabhängig) = Kalziumreserve (Ca) (nur 60 % bis 75 % des Eischalen-Ca unmittelbar aus Nahrung), Blutkalkspiegel abhängig von Vitamin D und Epithelkörperchenhormon	Osteomalazie (Entkalkungserscheinungen besonders bei Käfighühnern, Eischalen-Kalzifikation hat Vorrang)
zweiter bis fünfter Brustwirbel verwachsen	Käfiglähmung (Bruch in der Regel zwischen viertem und fünftem Brustwirbel bei Osteomalazie)
Brustbeinkamm	Brustblasen (Schleimbeutel!)
Zehen	Ballenabszesse
offener Beckenboden	Schambeinabstand: Hinweis auf Legetätigkeit
Muskulatur	
feingefaserte, dichte Muskulatur, hellere Flugmuskeln, Sehnen teils verknöchert, hoher Sauerstoffbedarf der Muskulatur	bei Beugung des Knie- und Intertarsal-(Sprung-)gelenkes erfolgt Spannung der Zehenbeugesehne (Schlafstellung) Skelett- und Herzmuskeldegenerationen (zur Regeneration Vitamin E und Selen für inneren Stoffwechsel wichtig)
Zwerchfell rudimentär	Erstickungsgefahr beim Aufeinandersitzen, zur Atmung muß sich gesamter Brustkorb bewegen lassen
Eingeweidesystem	
Leibeshöhle ohne Zwerchfell als gemeinsame Körperhöhle für Lungen und Verdauungsorgane	Eileiter-Bauchfell-Entzündung betrifft den gesamten Bereich der Leibeshöhle
Verdauungsorgane	
Nahrungsdurchgang je nach Legetätigkeit zur Hälfte in 4 bis 5 Stunden, zahnloser Schnabel, Choanenspalte offen	Parasitenkreislauf bei Bodenhaltung begünstigt, Schnabel zugleich Greiforgan;
Kropf (Huhn rechts, Taube paarig)	Kropflähmung, Soor
Drüsenmagen (Pepsin, Magenlipase, Salzsäure)	tumoröse Entartung bei akuter Marekscher Krankheit
Muskelmagen	bei Sandmangel: Verstopfung durch Fasermassen und verminderte Salzsäurewirkung auf Bakterien (*Salmonella*- und Tuberkulose-Bakterien)
Dünndarm Duodenmum (Zwölffingerdarm), Jejunum (Leerdarm), Ileum (Hüftdarm)	Infektionskrankheiten: Bakterienbefall (z. B. Geflügelcholera, Salmonellose); Virusbefall (z. B. Newcastle Disease); Parasitenbefall: Haarwurm-, Bandwurm-, Spulwurmbefall; Dünndarm-Kokzidiose (verschiedene Kokzidienarten)
Dickdarm	
2 Blinddärme, Taube nur Ausstülpungen (bakterienbedingte Restverdauung und Zellulosespaltung)	Blinddarmkokzidiose, Pfriemenschwanz-(Heterakiden-)Wurmbefall
Enddarm (kurz), Kloake mit Mündungen der Harn- sowie Samen- bzw. Eileiter	Kloakenvorfall, Ausstülpung nach Legeakt führt zum Kannibalismus (Teile des Darmes werden nach außen gezogen)

Tab. 1 Fortsetzung

Eigenheiten des Geflügels	Gesundheitsstörungen oder Besonderheiten
Eingeweidesystem	
Bauchspeicheldrüse (Pankreas) (Trypsinogen und Chymotrypsin, Lipase, Karbohydrasen; Insulin und Glukagon)	neigt zur bösartigen Geschwulstbildung (Adenokarzinom), viel Kalzium in der Nahrung fördert Trypsinogenausschüttung und damit das Haften der Kokzidien
Leber	
intensiver Stoffwechsel, funktionelles Blut aus Leberpfortader (kraniale Darmabschnitte), 2 Gallengänge des rechten Lappens zur Gallenblase (fehlt bei Taube)	Leberdegeneration und -dystrophie, Fettlebersyndrom durch niederkettige Fettsäuren in Nahrung, Krankheitserreger (z. B. Salmonellen) häufig in Leber, Gallenstauung bei Duodenitis und Haarwurmbefall
Atmungsorgane	
Nasenhöhlen mit Choanenspalte	Geflügelschnupfen (Schleimaustritt nach Nasendeckelgriff)
Infraorbitalhöhle	Sinusitis (Unteraugenhöhlenentzündung bei Geflügelschnupfen und Mykoplasmose der Puten
Rachenraum (Pharynx)	nadelkopfgroße, diphtheroide Stippchen bei der Newcastle-Krankheit
Kehlkopf (Larynx, ohne Stimmbänder)	diphtheroide Beläge bei Pocken-Diphtherie
Stimmkopf (Syrinx, am unteren Ende der Luftröhre, mit Stimmbändern)	klagende Laute bei Erkrankung der unteren Atemwege
Lungen Luftdurchgang zu 9 Luftsäcken (1 Schlüsselbein-, 2 Hals-, 4 Brust-, 2 Bauchluftsäcke)	bakterien-, mykoplasmen- und virusbedingte Erkrankungen, chronische Erkrankungen der Atemwege (CRD) mit fibrinöser Luftsackentzündung Aspergillose (Schimmelpilzkrankheit der Lungen und Luftsäcke)
Atemfrequenz: Huhn etwa 20–30/min Pute 13/min Ente 60/min Gans 20/min	Schnabelatmung bei Hitze zur Reduzierung der Körpertemperatur (etwa 41,0 °C bis 41,9 °C), Störungen bei Wassermangel und Atemwegserkrankungen
Harn- und Geschlechtsorgane	
Nieren nutritives Blut aus Arterien, funktionelles aus Nierenpfortader (Venen der kaudalen Darmabschnitte und der Beckengliedmaßen);	Nieren- und Eingeweidegicht (Ablagerungen von Harnsäure und harnsauren Salzen) bei Nierenschädigungen und Wassermangel
2 Hoden im zentralen Schwerpunkt, zugleich Samenreservoir, Begattungsorgan beim Hahn zurückgebildet, bei Erpel 6 bis 8 cm, Ganter 7 bis 9 cm lang, ohne Harnröhre	vereinzelt nur ein Hoden vorhanden (Monorchie); Ejakulatmenge Hahn 0,4 bis 1,25 ml; Puter 0,2 bis 0,8 ml; Ganter 0,05 bis 0,6 ml
Eierstock und Eileiter nur links ausgebildet, rechter Eierstock und Eileiter rudimentär (zurückgebildet)	zystöse Entartung: blasenartiges Gebilde rechts an Kloake hängend = rudimentärer rechter Eileiter
schnellwachsende Follikel	Blutgefäß- und Follikelzerreißungen (Rupturen), Geschwulstleiden,

Tab. 1 Fortsetzung

Eigenheiten des Geflügels	Gesundheitsstörungen oder Besonderheiten
Harn- und Geschlechtsorgane	
linker Eileiter beim Huhn bis 70 cm lang (Ostium-Infundibulum-Magnum-Isthmus-Uterus-Vagina-Kloake), Kalkschalenbildung im Uterusteil des Eileiters	Infektionen: Eileiterentzündung mit Fibrineinlagerung (Schichteibildung), Eileitervorfall und Kloakenentzündung; Phosphat-Ionenverlust bei Kalkschalenbildung, Folge: Osteomalazie (Rippen biegsam); Eischale vorwiegend aus kohlensaurem Kalk
Kreislaufsystem	
Herz	
Frequenz stark wechselnd, Huhn durchschnittlich etwa 350/min, Wassergeflügel etwa 200/min; hohes Herzgewicht, einfacher Aufbau, Muskelplatte statt rechter Atrioventrikularklappe,	Muskeldegenerationen durch Giftstoffe z. B. von Bakterien (Intoxikationen), bakterienbedingte Entzündungsprozesse
Herzbeutel	fibrinöse Entzündung bei chronischer Erkrankung der Atemwege (CRD) und Hühnertyphus;
Blutgefäße und Blut	
Kreislauf beim Huhn dauert 5,17 Sekunden, bei Ente 10,64 s, Gans 10,8 s; hoher arterieller Blutdruck; 3 (bei Huhn) bis 3,8 (bei Hahn) Mill. Erythrozyten/mm^3 Blutmenge etwa 7 % des Körpergewichts Körpertemperatur (in Kloake): Huhn 41,0 °C bis 41,9 °C, Ente und Pute 42,0 °C, Gans etwa 40,5 °C	Bakteriämie (Septikämie), Virämie (Newcastle-Krankheit, infektiöse Bronchitis); Aortenruptur bei Putenhähnen; hämorrhagisches Syndrom bei infektiöser Bursa-Krankheit sowie bei REO-Virusinfektion und Sulfonamid-Vergiftung; Kohlenmonoxid-Vergiftung führt zur Schädigung der Erythrozyten, während eine Kohlensäureanreicherung bei mangelhafter Luftzufuhr zum Tod lediglich durch Sauerstoffmangel führt;
Lymphgefäße	
Ductus thoracici doppelt, wenig lymphatisches Gewebe, etwa 28 000 Leukozyten, etwa 60 % Lymphozyten	Wucherungen der Lymphozyten (weiße Blutkörperchen) in den Organen = Lymphosarkomatose (Leukose); Tumoren bei Marekscher Krankheit;
Milz	
kugelig, bei der Taube länglich; im Embryo Erythrozytenbildung, später Blutabbau; Blutfilter, -speicher, Lymphozytenvermehrung zur Antikörperbildung	vergrößert durch Lymphozytenwucherungen bei Leukose und Marekscher Krankheit; abgestorbene Zellen (Nekroseherde) bei Tuberkulose und anderen Infektionskrankheiten;
Endokrines System	
Hypophyse	
Schilddrüse (rund, klein, neben unterem Kehlkopf)	beeinflußt die übrigen endokrinen Drüsen; Hormone der Hypophyse zusammen mit Thyroxin der Schilddrüse bewirken Mauser;
Thymus (neben Luftröhre, ausgeprägt beim jugendlichen Organismus)	Bedeutung für zellgebundene Immunität, Verkleinerung bei Streß sowie REO-Virusinfektion und Marekscher Krankheit;
Bursa fabricii (über Kloake, bei Jungtieren deutlich sichtbar)	Bedeutung für humorale Immunität, Entzündung bei Bursa-Krankheit (Gumboro-Krankheit);
Nebennieren Zwischenstränge (bei Säugetieren = Nebennierenrinde) zwischen Marksubstanz (Glukokortikosteroide),	Anpassung **nach** Flucht und Kampf: Wasserhaushalt, Fett- und Muskelabbau, entzündungshemmend, fördert Anfälligkeit bei Virusinfektionen, Legeleistungsabfall;

Tab. 1 Fortsetzung

Eigenheiten des Geflügels	**Gesundheitsstörungen oder Besonderheiten**
Endokrines System	
Marksubstanz (Adrenalin und Noradrenalin)	Vorbereitung **zu** Flucht und Kampf: Glykogenabbau, Gefäßerweiterung im Herzen und in Skelettmuskulatur
Schilddrüse (paarig neben Stimmkopf) (Thyroxin und Trijodthyroxin)	Jodstoffwechsel, Grundumsatz, wachstumsfördernd, Mauser
Epiphyse (Parathormon)	Bedeutung beim Tag- und Nachtrhythmus
äußere Epithelkörperchen	Blutkalkspiegel
Pankreasinseln, zahlreich in Bauchspeicheldrüse (Insulin und Glukagon)	Insulin zur Glykogensynthese, Senkung des Blutzuckerspiegels; Glukagon zum Glykogenabbau, Erhöhung des Blutzuckerspiegels
Keimdrüsen (Geschlechtshormone)	Sekundäre Geschlechtsmerkmale
Nervensystem	
Großhirnsphären ohne Furchen	aviäre Encephalomyelitis (AE), Newcastle-Krankheit (ND)
Kleinhirn (groß)	Lageorientierung, Gleichgewicht, Motorik; Encephalomalazie durch toxische Fettsäuren (Vitamin E beugt vor)
Chiasma opticum und periphere Nerven	Lymphozyteninfiltrate bei Marekscher Krankheit
Sinnesorgane	
Gesichtssinn sehr gut, Gesichtsfeld bis 360°	Panik bei schnellen Bewegungen
Gehör- und Gleichgewichtssinn sehr gut	Panik bei lauten Geräuschen in der Massentierhaltung
Tastsinn mit Tastkörperchen vorwiegend im Schnabel, unter den Flügeln und am Schwanzansatz: gut	Auswahl der Nahrung nach Farbe und Korngröße
Geschmacksorgane mit Ausnahme der Taube: wenig ausgebildet (Zunge verhornt)	bittere Medikamente werden aufgenommen
Geruchssinn nicht gut, bei Wassergeflügel besser als beim Huhn	
Äußere Haut	
Federkleid mit Deck-, Flaum- und Fadenfedern, Nestdunen beim Wassergeflügel	Federling- und Vogelmilbenbefall, Federpicken bei trockenwarmem Klima
Hornscheiden (Schnabel, Krallen, Sporn, »Eizahn«)	überlange Krallen bei alten Käfighühnern
Talgdrüsen nur in Bürzeldrüse und äußerem Gehörgang	
Schweißdrüsen fehlen!	Wärmestau bei Hitze (Schnabelatmung!)
Gehörgang	mit feinem Federnkranz bedeckt, äußeres Ohr fehlt
Blutgefäßnetze in Kamm und Kehllappen	Durchblutung keimdrüsenhormonabhängig, blauvioletter Kamm bei Septikämien (Fieber); Bläschen und Krusten auf Kamm bei Pockenvirusinfektion; Kammrückbildung während Mauserzeit und bei chronischer Krankheit
»Brutflecken« bei brütender Henne	Gefäßerweiterung am Unterbauch

Fangen und Festhalten von Geflügel

Das Einfangen von Geflügel ist zur genaueren Untersuchung von Einzeltieren, zu Blutentnahmen für serologische Untersuchungen zum Nachweis von *Salmonella pullorum-*, Mykoplasmen- oder Virusinfektionen, zur Durchführung von Injektionsimpfungen und zur Einzeltierbehandlung erforderlich. Schwere Legehennen und Puten sind auch in der Bodenhaltung leicht zu greifen. Die neugierigen Puten kommen bei ruhigem Vorgehen ohnedies auf einen zu. Bei leichten Hennen ist das Einfangen jedoch schwieriger, sie weichen aus, wenn sie nicht an eine Bezugsperson gewöhnt sind. Mit einem ausziehbaren Fanghaken gelingt es jedoch ohne große Mühe und ohne die Tiere jagen zu müssen, sie in der Fluchtbewegung am Lauf einzufangen (siehe Abb. oben). Hühner werden dann am befiederten Unterschenkel gegriffen. Wenn gleichzeitig mit dem Daumen das Sprunggelenk gestreckt wird, bleibt das Huhn ruhig. In Rückenlage unterstützt die andere Hand den Kopf und hält ihn gerade, wenn das Tier zur Begutachtung, zur Blutentnahme aus der Flügelvene oder zur Injektion in die Brustmuskulatur mit der Bauchseite nach oben zu halten ist. Sofern der die Blutentnahme oder Impfung Durchführende Rechtshänder ist, gilt: Unterschenkel in die linke Hand, Bauchseite nach oben, Kopf nach rechts. Das Eingreifen in den Flügel zur Blutentnahme aus

Mit dem Fanghaken lassen sich Hühner gut einfangen.

Falsches Festhalten von Hühnern: Das Huhn baumelt nach unten und schlägt mit den Flügeln.

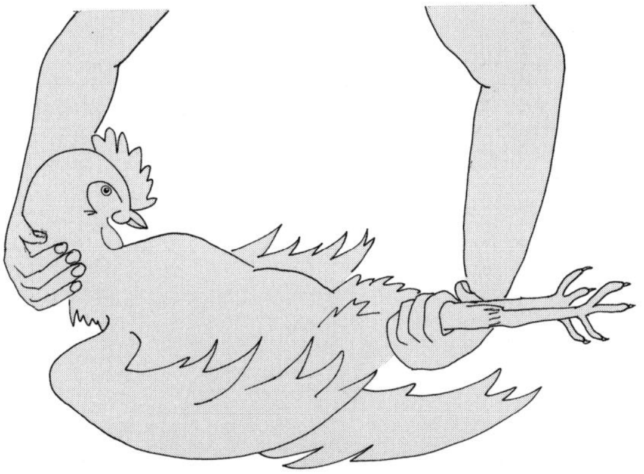

Richtiges Festhalten von Hühnern: Eine Hand unterstützt das Huhn am Hals oder Rücken, das Flügelschlagen bleibt aus; die linke Hand umgreift die befiederten Unterschenkel.

der Flügelvene gelingt dann leicht, und eine Injektion in die Brustmuskulatur kann kopfwärts erfolgen, die Gefahr des Anstechens der Leber mit innerer Verblutung bleibt aus. Nur wenn mit der linken Hand gearbeitet wird, gilt für den Helfer: Ständer in die rechte Hand!

△ **Fanggitter erleichtern das Einfangen mehrerer Hühner.**

▽ **Die Fangsteige dient zum Einfangen und zum Transport von Hühnern.**

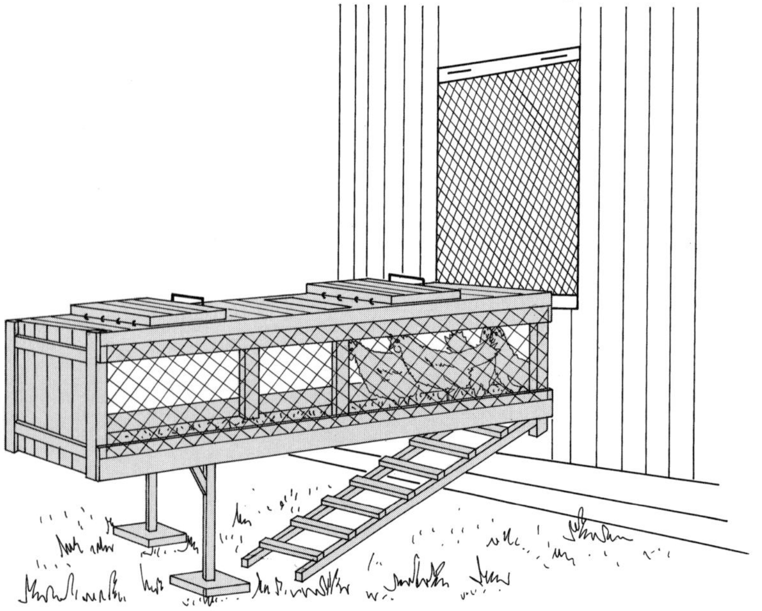

Keinesfalls sollten Hühner an den Flügeln gefaßt werden. Im Bereich der Schwingenansätze liegen zahlreiche Nervenendigungen, was zu heftigen Abwehrbewegungen führt, wie auch das meist übliche Greifen am federlosen Lauf.
Müssen Maßnahmen an mehreren Hühnern einer Herde vorgenommen werden, so sind die Tiere mit Hilfe eines aufklappbaren Fanggitters in eine Stallecke oder durch den Stallausschlupf in ein geschlossenes Gitter, eine Hühnersteige, zu treiben. Lebensbedrohend für Hühner ist es aber, wenn die Tiere durch das Zusammendrängen schließlich aufeinander sitzen. Der Brustkorb der unten liegenden Hühner kann nicht mehr bewegt werden, sie sterben innerhalb weniger Minuten, auch wenn der Kopf mit den Nasenöffnungen frei liegt.

Natürliche Lebensdauer des Hausgeflügels

Den natürlichen Alterstod erleben beim Hausgeflügel wohl nur wenige Lieblingstiere, zumal die maximale Lebensdauer beim Geflügel erstaunlich hoch liegt. SCHWARZE und SCHRÖDER geben folgende Daten an:

Maximale Lebensdauer	
Huhn	etwa 50 Jahre
Pute	
Ente	etwa 50 Jahre
Gans	etwa 80 Jahre
Taube	etwa 50 Jahre

Durchschnittliche Lebensdauer	
Huhn	etwa 20 Jahre
Pute	etwa 12 Jahre
Ente	etwa 19 Jahre
Gans	etwa 31 Jahre
Taube	etwa 35 Jahre

Ursachen der wichtigsten Gesundheitsstörungen

Gesundheitsstörungen des Geflügels können erb- oder anlagebedingt, aber auch haltungs- und ernährungsbedingt sein. Außerdem wird das Geflügel wie jedes Lebewesen von den verschiedensten **Krankheitserregern** bedroht oder belästigt. Dabei handelt es sich um ein- oder mehrzellige **Parasiten** aus dem Tierreich, um **Pilze** sowie um die sehr kleinen **Bakterien** aus dem Pflanzenreich, **Mykoplasmen** und **Viren,** die weder dem Tier- noch dem Pflanzenreich zugeordnet werden können. Viren haben keinen eigenen Stoffwechsel, sie benötigen deshalb zu ihrer Vermehrung stets eine lebende Zelle, in der sie »vermehrt werden«, d.h., sie regen diese Zelle an, statt der eigenen die Aufbaustoffe vom Virus zu bilden. Das was aus der Zelle ausgeschleust oder beim Zugrundegehen der Zelle freigesetzt wird, läßt sich dann als Virus oder besser gesagt als Virion in der Größe von 15 bis 40millionstel mm im Elektronenmikroskop photographieren und dient als unbelebtes Makromolekül zur Übertragung des krankmachenden Stoffes von einem Tier zum anderen, vergleichbar mit dem Samen einer Pflanze. Das Virion besteht aus dem genetischen Material, dem Erbträger. Er ist umgeben von Eiweiß und bei bestimmten Viren noch von einer Hülle aus Kohlenhydraten und Lipiden, was bei der Auswahl der Desinfektionsmittel zu beachten ist.

Schwierig wird die Abklärung einer Gesundheitsstörung, wenn mehrere unglückliche Faktoren zusammenwirken. So kann es sein, daß beispielsweise eine Virusinfektion bei einem Tier in gutem Allgemeinzustand ohne Störungen abläuft, beim Nachbartier aber durch das Zusammenspiel von

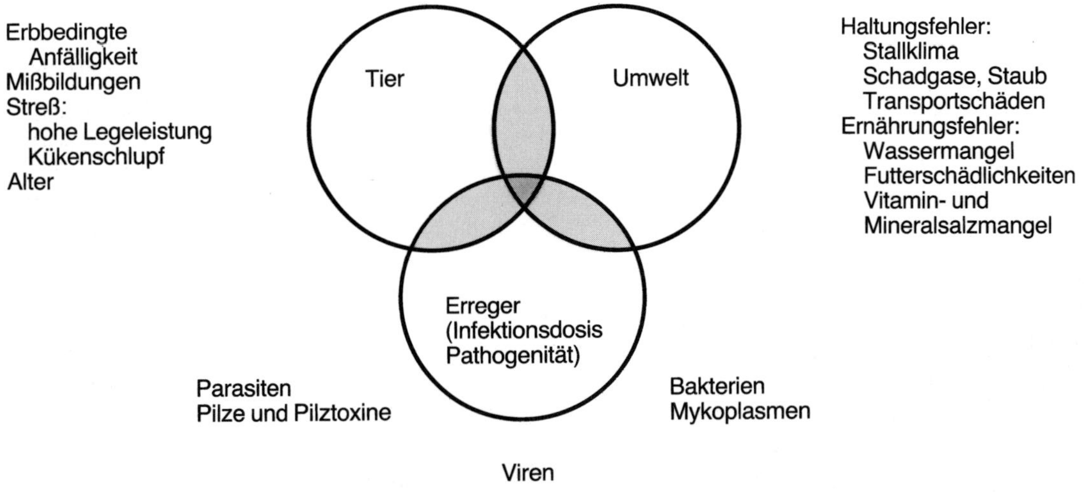

Das Diagramm zeigt das Zusammenspiel krankheitsauslösender Faktoren.

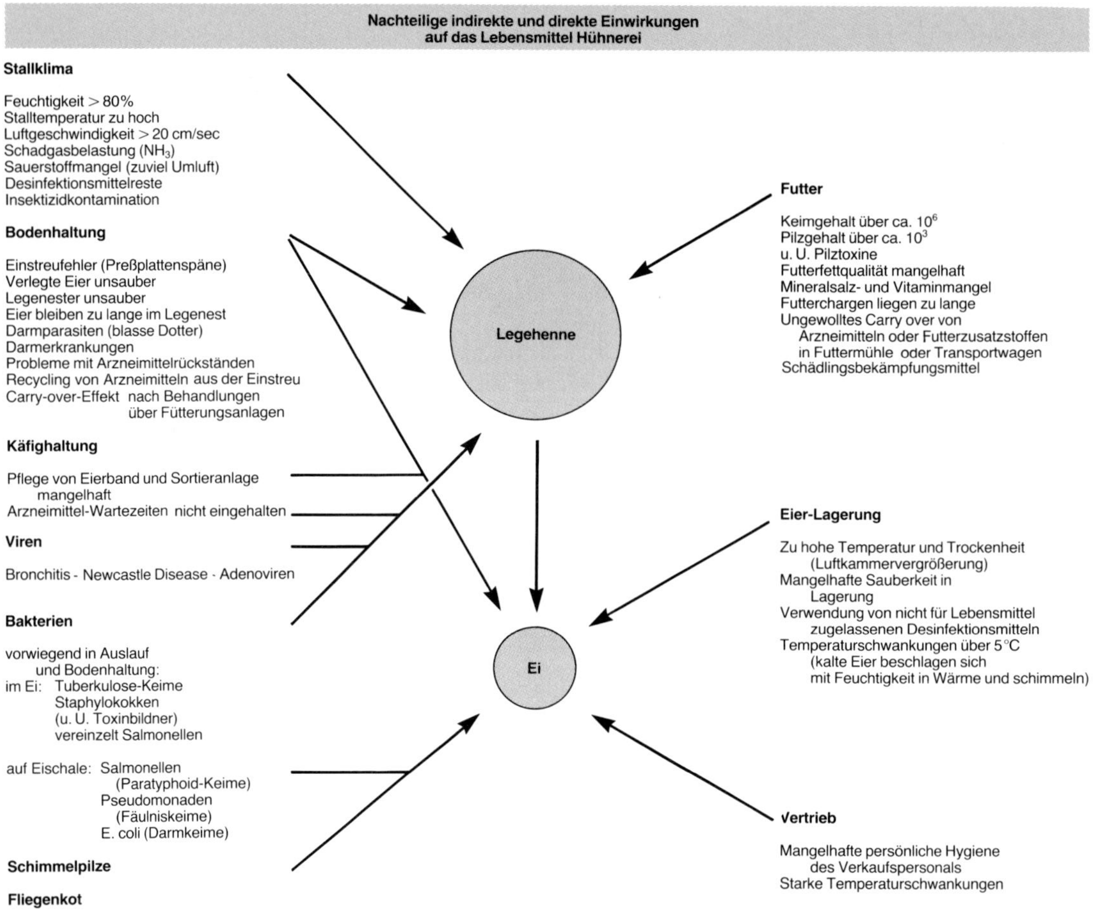

Dieses Schaubild verdeutlicht, welche Faktoren die Eiqualität indirekt oder direkt beeinflussen.

Anfälligkeit, Mangelernährung und zusätzlichem Befall mit Parasiten oder Bakterien zum Durchbruch kommt oder gar zum Tode führt.

Erbbedingte Gesundheitsstörungen

Erb- oder anlagebedingte Gesundheitsstörungen spielen beim Geflügel infolge der neuzeitlichen Zuchtmethoden eine untergeordnete Rolle. Mißbildungen treten in der Regel nur als Einzelerkrankung auf. Lediglich durch die Zucht auf hohe Legeleistung mag sich eine erhöhte Anfälligkeit für bestimmte Krankheiten ausgebildet haben, was aber oft durch vorbeugende Impfungen wieder ausgeglichen werden kann.

Haltungsbedingte Gesundheitsstörungen

Jede Haltungsform der Hühner hat Vor- und Nachteile. Bei der eingegrenzten **Auslaufhaltung** kommt es früher oder später zu einer Anreiche-

Ein nach innen gekipptes Stallfenster verhindert das schnelle Absinken kalter Luft und sorgt für ein ausgeglichenes Stallklima.

rung von Parasiteneiern und krankmachenden Bakterien wie z.B. den auch in Wildvögeln vorkommenden Salmonellen. Wird die Verabreichung von Quarzsand versäumt, kann es zu Muskelmagenverstopfungen durch Pflanzenfasermassen und zu Verdauungsstörungen kommen. Trotz Grünfutteraufnahme werden die Eidotter dann blaß. Der Auslauf wird »hühnermüde«. Wechselausläufe könnten Erleichterung bringen. Selten steht jedoch ausreichende Auslauffläche zur Verfügung, so daß häufig eine reichliche Verabreichung von Wurm- und Kokzidiosemitteln und gelegentlich sogar von Antibiotika zur Gesunderhaltung, auch im Sinne des Tierschutzes, notwendig wird. Aus lebensmittelhygienischen Gründen sollte dies aber möglichst vermieden werden.

Auch in der **Stallbodenhaltung** reichern sich im Laufe der Zeit Parasiten, vor allem Kokzidien- und Wurmeier an, weil die Einschleppung über das Schuhwerk kaum zu verhindern ist. Man spricht hier vom »hühnermüden« Stall, der allerdings beim Wechsel der Altersgruppen leichter zu desinfizieren ist als ein Auslauf. Notwendig wäre wenigstens der regelmäßige Schuhwechsel vor Betreten des Stalles. Selbst Außenparasiten wie die rote Vogelmilbe und Federlinge werden sich ohne Einsatz von Insektiziden schließlich einnisten.

Salmonella-Bakterien, die beim Menschen zu Darmerkrankungen führen können, halten sich in trockener Einstreu bis zu 11 Monaten und in alter Einstreu bis zu 3 Monaten vermehrungsfähig, während sie im konzentrierten Boxenhaltungskot infolge der pH-Verschiebung zum Alkalischen schon innerhalb von 2 bis 3 Wochen zugrunde gehen. Verabreichte Medikamente sind bei der Bodenhaltung wegen der Wiederaufnahme von arzneihaltigem Kot aus der Einstreu lange Zeit noch in Spuren im Ei nachzuweisen.

Die vom lebensmittelhygienischen Standpunkt aus, auch wegen der sauberen Speiseeigewinnung, optimale **Boxenhaltung** auf Drahtgeflechten führt dagegen zu Zielkonflikten im Hinblick auf eine tierschutzgerechte Haltungsform. Medikamente, Parasitenmittel und Insektizide werden hier während der Legeperiode praktisch nicht benötigt. Die Tiere sind jedoch im Hinblick auf Stallklima und Ernährung voll auf die Fürsorge durch einen geschulten Tierpfleger angewiesen.

Ernährungsbedingte Gesundheitsstörungen

Ernährungsbedingte Gesundheitsstörungen lassen sich bei Verabreichung der handelsüblichen Fertigfuttermischungen, die reichlich mit Vitaminen, Mineralsalzen und Spurenelementen angereichert sind, leicht vermeiden. Häufig wird die Wasserversorgung und das Angebot von Quarzsand vernachlässigt. Wird eine Mäuse- oder Rattenbekämpfung erforderlich, so sind dikumarinhaltige Präparate den für Geflügel hochgiftigen phosphorsäureesterhaltigen Mitteln vorzuziehen. Tabelle 2 gibt einen Überblick über erb-, haltungs- und ernährungsbedingte Gesundheitsstörungen.

Frisches Trinkwasser muß immer bereitstehen, die Einstreu sollte aber auch rund um die Tränke trocken bleiben.

Tab. 2. Erb-, haltungs- und fütterungsbedingte Gesundheitsstörungen bei Geflügel

Erbbedingte Gesundheitsstörungen

Mißbildungen (beim Geflügel als Einzelerkrankungen bedeutungslos)
Anfälligkeit für bestimmte Krankheiten (bedeutungsvoll, wenn Gegenmaßnahmen, z. B. Impfungen, noch nicht möglich sind wie bei der Leukose)

Haltungsbedingte Gesundheitsstörungen

Krankheitsbild	gefördert durch:
Atemnot (Schnabelatmung) und Leistungsabfall	überhöhte Stalltemperatur und Wassermangel
Erkrankung der Atemwege	ammoniakhaltige Stalluft
Kokzidiosedurchbruch und Vogelmilbenbefall	feuchtwarmes Stallklima (Ausreifen der Kokzidiendauerformen und Milbeneier)
Federfressen, Kannibalismus	trockenwarmes Stallklima, Sonneneinstrahlung
Verletzungen, Ballengeschwülste	fehlerhafte Stalleinrichtung, ausgetrocknete, steinige Ausläufe
Herztod bei Broilern	Sauerstoffmangel zusammen mit schnellem Wachstum und Stoffwechselstörungen (Vit.-E-Mangel)
zu früher Legebeginn	fehlerhaftes Lichtprogramm
Marekscher Krankheit trotz Impfung	Frühinfektion bei trockenem Stallklima und mangelhafter Beseitigung des erregerhaltigen Stallstaubes (Luftschächte, Ventilatoren) früherer Aufzuchten

Ernährungsbedingte Gesundheitsstörungen

Krankheitsbild	gefördert durch:
Krankheitsanfälligkeit	Vitaminmangel (Vitamin-A-Mangel und reichliche Kalziumgaben fördern Kokzidiosedurchbruch)
Rachitis der Küken	Vitamin-D- und Mineralsalzmangel
Darmerkrankungen	Ernährungsfehler, hoher Keimgehalt des Futters (mangelhafte Silopflege)
Nierenerkrankungen und Leistungsabfall, Blaukammkrankheit	Wassermangel
Fettlebersyndrom	Mangel an ungesättigten Fettsäuren (Linolsäure) od. Cholin- und Eiweißmangel zusammen mit Resorptionsstörungen bei Darmerkrankungen
Verdauungsstörungen, Magenverstopfung	fehlendes Quarzsandangebot, Steinchenmangel im Muskelmagen
Entkalkungserscheinungen der Knochen, Käfiglähmung bei Legehennen	Mineralsalzmangel (phosphorsaurer Kalk) bei hoher Legeleistung
Vergiftungen	gelegentlich nach Aufnahme von phosphorsäureesterhaltigen Schädlingsbekämpfungsmitteln, phosphorhaltigem Mäusegift oder von reichlich Kochsalz bei gleichzeitigem Wassermangel, falsche Dosierung von Arzneimitteln

Wichtige Krankheitserreger

Parasiten

Die ein- und mehrzelligen Schädlinge aus dem Tierreich, zusammengefaßt unter dem Begriff »Parasiten«, leben entweder auf dem Tier oder im Nahrungsweg, seltener in den Atemwegen, und befallen vorzugsweise das Junggeflügel.
Wichtig ist die Kenntnis der Zeit von der Aufnahme des Parasiteneies bis zur Geschlechtsreife des Parasiten und erneuten Eiablage **(Präpatentperiode).** Nur so läßt sich beispielsweise das Ergebnis einer parasitologischen Kotuntersuchung nach dem Zukauf von Tieren richtig beurteilen, denn bevor die Parasiten nicht geschlechtsreif sind, können im Kot keine Parasiteneier nachgewiesen werden! Trotz negativem Ergebnis der parasitologischen Kotuntersuchung kann der Parasit verborgen im Tierkörper leben. Weil überdies die Parasitenmittel in der Regel nur gegen weitgehend ausgereifte Parasiten wirken, ist auch die Wiederholung eingeleiteter Bekämpfungsmaßnahmen auf die Präpatentzeit auszurichten. Da der Parasitenkreislauf stets die Außenwelt einschließt, kann die Übertragungskette aber zudem durch entsprechende Haltungs- und Desinfektionsmaßnahmen, also durch ganz allgemeine hygienische Vorkehrungen unterbrochen werden. Zur Abtötung der widerstandsfähigen Parasiteneier sind jedoch besondere Präparate erforderlich (siehe Desinfektionsmitteltabellen ab Seite 119).
Federlinge, die ständig auf dem Tier leben, verschwinden nach einer 14tägigen Leerphase des gereinigten Stalles, rote Vogelmilben nisten sich dagegen vorzugsweise in den Schlupfwinkeln von Holzställen ein und überleben dort auch den Winter. Parasiten sind meist schon mit dem bloßen Auge zu erkennen, ihre Eier und die Protozoen kann man unter dem gewöhnlichen Lichtmikroskop sehen (Präpatentperiode siehe Seite 30).

Pilze

Wie die Luftkammern im Brot sind auch die Vogellungen mit ihren Anhängseln, den Luftsäcken, besonders anfällig für Pilzbefall, der dann zu der Schimmelpilzerkrankung **Aspergillose** führt. Der häufigste Erreger ist *Aspergillus fumigatus.* Gefürchtet wird aber auch von Pilzen und deren hitzestabilen Giftstoffen befallenes Geflügelfutter. Am bekanntesten sind *Aspergillus flavus,* der unter bestimmten klimatischen Bedingungen während der Erntezeit der Futtermittel in südlichen Ländern das Gift Aflatoxin produziert, und *Aspergillus ochraceus,* der auch im europäischen Klima verschiedenartige Ochratoxine abgibt. Feuchtgewordene Einstreu oder feuchtwarmes Futter bieten einen guten Nährboden für Pilze.

Bakterien

Die Bakterien wirken krankmachend durch eine Zerstörung des Gewebes, auf dem sie leben, aber auch durch die Produktion von Giftstoffen, die dann oft den Gesamtorganismus, Herz und Blutgefäße schädigen. Entzündungsprozesse führen zu erhöhter Körpertemperatur, bei einem Übergang der Keime in die Blutbahnen kommt es zur Bakteriämie oder, bezogen auf die Giftstoffe, zur Septikämie. Der »Vorteil« einer bakterienbedingten Erkrankung im Gegensatz zur Virusinfektion liegt darin, daß Bakterien auf Agarnährböden leicht kultiviert (siehe Seite 60) und identifiziert sowie mit Hilfe von Chemotherapeutika geschwächt oder abgetötet werden können. Zu den Chemotherapeutika zählen auch die ursprünglich und vielfach heute noch aus Pilzkulturen gewonnenen Antibiotika.
Da der Einsatz dieser Medikamente aber wegen lebensmittelhygienischer Bedenken möglichst vermieden werden sollte, liegt der Schwerpunkt der Bekämpfung bakterieller Erkrankungen in der Unterbrechung der Übertragungskette durch Trennung der einzelnen Herden, Kontrolle beim Zukauf und Maßnahmen zur Verhinderung der Einschleppung der Erreger. In der Umwelt lassen sich die meisten für das Geflügel gefährlichen Bakterien verhältnismäßig leicht durch die üblichen Desinfektionsmittel vernichten. Schwierigkeiten bereiten lediglich Sporen der Clostridien und das Geflügeltuberkulose-Bakterium. Bei den im Vogeldarm vorkommenden und notwendigen Darmbakterien ist es wichtig, daß die Mengenverhältnisse der einzelnen Bakterienarten zueinander nicht durch eine fehlerhafte oder einseitige Ernährung gestört werden.

Mykoplasmen

Mykoplasmen stellen beim Geflügel eine Bedrohung vor allem der Atemwege dar und sind in Geflügelherden nur schwer ausrottbar, obgleich diese Mikroorganismen – kleiner als Bakterien und ohne starre Zellwand – im Freien nicht lange überleben. Mit Desinfektionsmitteln sind sie schnell abzutöten.

Eine gleichzeitige Virusinfektion fördert das Krankheitsgeschehen. Zur Sanierung eines Bestandes sind die durch eine Blutuntersuchung ermittelten Tiere, die Träger der Erreger sind, auszumerzen. Die Mykoplasmen auf speziellen, serumhaltigen Nährböden typische Kolonien, die wie ein winziges Spiegelei aussehen.

Viren

Virusinfektionen spielen beim Geflügel eine große Rolle. Sie können verlustreiche Seuchen auslösen, oft aber auch lediglich zu einem Legeleistungsabfall führen, ohne daß dabei irgendwelche Krankheitszeichen besonders auffallen. Die krankmachende Wirkung der Viren besteht hauptsächlich in der Schädigung oder Zerstörung der Wirtszellen, in denen sie vermehrt wurden. Insbesondere in den Atemwegen und im Darm kommt es dann häufig zu einer zusätzlichen Besiedlung der vorgeschädigten Schleimhäute mit Bakterien. Die Viren waren somit Wegbereiter für die Bakterien, bei denen es sich oft um die an sich harmlosen, den Darm bewohnenden *Escherichia-coli*-Keime handelt. Je nach Zielorgan der Viren zeigt sich ein entsprechendes Krankheitsbild, nach dem oft auch die betreffende Viruskrankheit benannt wird.

Virusinfektionen mit Erregern aus dem Umfeld der Hühner, oft verbunden mit Infektionen durch Mykoplasmen oder den stets vorhandenen *Escherichia-coli*-Bakterien, führen besonders bei Haltung der Tiere getrennt nach Altersgruppen oft zur akuten Erkrankung. Bei gemeinsamer Haltung von Jung- und Alttieren erfolgt dagegen die Durchseuchung meist noch unter dem Schutz der im Eidotter mitgegebenen mütterlichen Abwehrstoffe, der Antikörper, oder aber in der Zeit des widerstandsfähigen Jungtieralters. Zur Vorbeuge müssen deshalb zumindest die wegen der Bakterien- und Parasitengefahr abgetrennt gehaltenen Jungtiere im Küken- und Jungtieralter bestimmten Impfprogrammen zum Schutz vor Virusinfektionen unterworfen werden (siehe Seiten 54 und 55). Nebenstehend sind Leistungseinbrüche nach einigen Virusinfektionen von ungeschützten, nicht geimpften Legehennenherden aufgezeigt.

Eine Unterbrechung der Übertragungskette ist bei den Viren schwierig, weil sie auch auf dem Luftweg, an Staubpartikeln haftend, übertragen und oft von infizierten Tieren (Virusträgern) lange Zeit oder dauernd ausgeschieden werden.

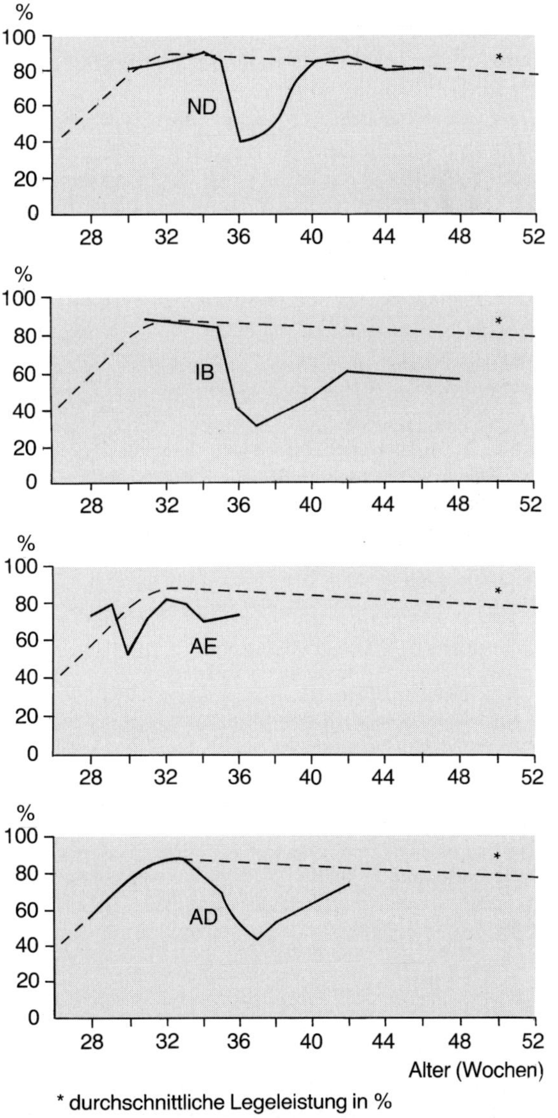

Legeleistungseinbrüche nach verschiedenen Virusinfektionen: ND = Newcastle-Krankheit, IB = Infektiöse Bronchitis, AE = Aviäre Encephalitis, AD = Adenovirusinfektion

Ursachen wichtiger Gesundheitsstörungen

Aus der weiteren Umgebung oder gar aus dem Ausland brechen nach Zukauf von Tieren gelegentlich Viren ein, die bei allen Altersgruppen eine Infektionskrankheit mit typisch seuchenhaftem Verlauf auslösen können. Von der Newcastle-Krankheit sind dann beispielsweise Auslaufhaltungen, vor allem wenn sie an einem virusverbreitenden Wasserlauf liegen, besonders gefährdet. Bei reiner Stallhaltung gelingt die Abschirmung nach außen besser. Hier helfen jedenfalls nur auch im Legealter fortgeführte Impfungen.

Da Chemotherapeutika gegen Viren wirkungslos sind und lediglich bei den nachfolgenden bakteriellen Krankheiten nützen, liegt der Schwerpunkt bei der Bekämpfung der Viruskrankheiten in der vorbeugenden Impfung. Wie bei kaum einer anderen Tierart sind beim Geflügel Impfstoffe erprobt und verfügbar. Durch Blutuntersuchungen läßt sich der Grad der Immunität nachweisen, Termine für Wiederholungsimpfungen können entsprechend festgelegt werden.

Zur Ermittlung (Diagnose) der Viruskrankheiten dienen neben dem Zerlegungsbefund der Erregernachweis in Zellkulturen und Verfahren zur Bestimmung der im Serum betroffener Tiere vorhandenen Antikörper (Schutzstoffe). Auf zellfreien Nährböden lassen sich Viren nicht vermehren, da sie den Zellstoffwechsel der lebenden Zelle benötigen. Im gewöhnlichen Lichtmikroskop sind Viren nicht sichtbar. Wenn lösliche Viruseiweiße aber in einem Agarmedium mit den dazu passenden Antikörpern zusammentreffen, kommt es dort, wo gleiche Mengenverhältnisse vorliegen, zu einer Ausfällung (Agar-Gel-Präzipitationstest, Immundiffusionstest, siehe Seite 69).

Tab. 3. Krankheitserreger des Geflügels

Die häufigsten Parasiten

Unterbrechung der Übertragungskette durch Anwendung von Desinfektionsmitteln und Insektiziden möglich!

Außenparasiten	**durchschnittl. Entwicklungszeit bis zur Eiablage (Präpatenz)**
Spinnentiere (Arachnida, 4 Beinpaare)	
Rote Vogelmilbe *(Dermanyssus gallinae)*	7 Tage
Kalkbeinmilbe *(Knemidocoptes mutans)*	20–26 Tage
Hauträudemilben, Luftsackmilben, Bindegewebsmilben, Federmilben, Futtermilben als Futterverderber	
Insekten (Hexapoda, 3 Beinpaare)	
Federlinge (*Menopa gallinae* u. a.)	3–5 Wochen
Hühnerfloh (*Ceratophyllus gallinae, C.columbae*)	17–30 Tage

Innenparasiten	**durchschnittl. Entwicklungszeit bis zur Eiablage (Präpatenz)**
Bandwürmer (Cestoden)	Zwitter, stets Zwischenwirt erforderlich
Weniggliedriger Bandwurm *(Davainea proglottina)*	Schnecke 20–25 Tage, Huhn 12 Tage
Vielgliedriger Bandwurm *(Raillietina cesticillus)*	Kornkäfer 26–31 Tage, Huhn 16–18 Tage
dünner Bandwurm (*Hymenolepis*-Arten, vorwiegend Wassergeflügel)	Mistkäfer 1–4 Wochen, Geflügel 2–4 Wochen Kleinkrebse 1–4 Wochen, Geflügel 2–4 Wochen
Rund- oder Fadenwürmer (Nematoden)	
Spulwürmer (Askariden)	47–50 Tage
Pfriemenschwänze (Heterakiden)	27 Tage
Haarwürmer (Capillarien), teilweise Regenwurm als Überträger	etwa 21 Tage
Magenwürmer der Gänse *(Amidostomum anseris)*	14–22 Tage
Luftröhrenwürmer bei Fasanen und Wildvögeln *(Syngamus trachea)*, Regenwurm als Überträger	18–20 Tage

Tab. 3 Krankheitserreger des Geflügels (Fortsetzung)

Innenparasiten			durchschnittl. Entwicklungszeit bis zur Eiablage (Präpatenz)
Einzeller (Protozoen)			
Sarcomastigophora (geißeltragend)			
Histomonaden der schwarzkopfkranken Puten *(Histomonas meleagridis)*			(Regenwurm-Stapelwirt)
Trichomonaden der Tauben *(Trichomonas gallinae)*			(Übertragung mit Kropfmilch)
Hexamiten darmkranker Jungputen *(Hexamita meleagridis)*			
Sporozoa (sporenbildend)			
Kokzidien (Coccidia), Sporulation 48–72 Stunden			Entwicklungszeit bis zur Oocysten-Ausscheidung
Hühner:			
Eimeria tenella	Sitz im:	Blinddarm	6 Tage
Eimeria necatrix		Dünndarm	6 Tage
Eimeria acervulina		Dünndarm-Anfang	4 Tage
Eimeria brunetti		Dünndarm-Ende	5 Tage
Eimeria maxima		Dünndarm	5 Tage
Eimeria mivati		Dünndarm	4 Tage
Puten:			
Eimeria meleagridis und weitere Arten		Dünndarm	5–6 Tage
Enten:			
Eimeria, verschiedene Arten		Dünndarm (selten)	
Eimeria truncato		Nieren (selten)	5–6 Tage
Gänse:			
Eimeria anseris und weitere Arten		Dünndarm (selten)	
Eimeria truncata		Nieren (spezielle Gänsekokzidiose)	5–6 Tage

Pilze

Art	Krankheitsbild
Aspergillus fumigatus	Schimmelpilzkrankheit (Aspergillose)
Aspergillus flavus	Pilzgift (Aflatoxin, hitzestabil) in ausländischen Futtermitteln
Aspergillus ochraceus und weitere Pilze	Pilzgifte (Ochratoxine im Getreide), Futtermittelvergiftungen

Bakterien

Krankheitsbekämpfung im Tier mit Antibiotika (Chemotherapeutika)
Bakterien sind mit Desinfektionsmitteln verhältnismäßig gut abzutöten sowie auf toten Stoffen (Agar, Blutagar usw.) vermehr- und identifizierbar.

Erreger	Auswirkung und Krankheitsbild
Pseudomonas aeruginosa	Umweltkeim, Infektionen bei Küken, Brütereiprobleme: beim Mensch; Wundinfektion, blaugrüne Eier
Bordetella avium	Putenschnupfen
Escherichia coli	Darmbakterien, bei Eindringen in den Tierkörper: Septikämien (Blutvergiftung) eitrig-fibrinöse Luftsackentzündung bei chronischer Erkrankung der Atemwege

Tab. 3 Krankheitserreger des Geflügels (Fortsetzung)

Erreger	Auswirkung und Krankheitsbild
Proteus vulgaris	Fäulniskeime, Brütereiprobleme
Salmonella-Arten	a) Erreger der verschiedenen Paratyphoidkrankheiten von Hühnern, Puten und Wassergeflügel, Absterben der Brut, Kükenruhr b) als Lebensmittelvergifter hitzelabiles Endotoxin als Darmgift, führt zu Brechdurchfall (6 bis 40 Std. nach Aufnahme)
Yersinia pseudotuberculosis	Pseudotuberkulose, Puten, kleine Nager, Mensch
Pasteurella multocida	Geflügelcholera, Wundinfektion beim Menschen (nach Katzenbiß)
Haemophilus gallinarum	Geflügelschnupfen
Staphylococcus aureus	a) als Erreger von Wund-(Nabel-)Infektionen beim Geflügel, Brütereiprobleme b) als Lebensmittelvergifter durch Verunreinigung der Produkte mit Wundeiter des Menschen, führt zu Brechdurchfall (2 bis 4 Stunden nach Aufnahme)
Listeria monocytogenes	Listeriose bei Hühnern und Puten, Krankheit meist nicht in Erscheinung tretend, u. U. zentralnervöse Schädigung bei Tier und Mensch, Umweltkeim, Schadnager
Erysipelothrix rhusiopathiae	Rotlauf bei Puten, Enten (wie beim Schwein), Wundinfektionen beim Menschen, Umweltkeim, Schadnager
Mycobacterium avium	Geflügeltuberkulose, Mensch erkrankt bei Immunschwäche
Campylobacter = Helicobacter jejuni (Spirillen, Ordnung Spirochäten)	Darmbakteriose: Hühner, Puten; Krankheit nicht in Erscheinung tretend, Bakterien sterben im Brutapparat ab Mensch: Magen-Darm-Erkrankung
Clostridium perfringens	Darmbrand bei Mastgeflügel nach Störung der üblichen Darmflora, Bakterienwachstum in Abwesenheit von Sauerstoff Mensch: Gasbrand als Wundinfektion
Clostridium botulinum	Giftstoffbildner in Abwesenheit von Sauerstoff, Umweltkeim a) Botilismus bei Mastgeflügel und Enten (Typ C) b) Lebensmittelvergiftung beim Menschen durch die Typen A, B, E und F 12 Stunden bis 8 Tage nach Giftstoffaufnahme
Chlamydia psittaci (kleinste Bakterien)	Ornithose bei Puten und Enten (Papageienkrankheit bei Psittaciden); Mensch gefährdet bei Geflügelschlachtung

Mykoplasmen

Mykoplasmen sind Mikroorganismen, kleiner als Bakterien, ohne starre Zellwand, durch Desinfektion und Isolierung der Bestände leicht bekämpfbar, eine Unterbrechung der Bruteiübertragung ist jedoch schwierig.

Erreger	Auswirkung und Krankheitsbild
Mycoplasma gallium	Krankheit nicht in Erscheinung tretend
Mycoplasma gallisepticum	Erkrankung der Atemwege von Hühnern und Puten, zusammen mit *Escherichia coli* zur chronischen Erkrankung der Atemwege führend (CRD), Unteraugenhöhlenentzündung (Sinusitis) der Puten
Mycoplasma meleagridis	Luftsackentzündung der Puten
Mycoplasma synoviae	Sehnenscheiden- und Gelenk- sowie Atemwegentzündung beim Geflügel

Tab. 3 Krankheitserreger des Geflügels (Fortsetzung)

Erreger	Auswirkung und Krankheitsbild

Viren

Meist ist eine Krankheitsvorbeuge durch Impfungen möglich, die Wirkung der Desinfektionsmittel auf unbehüllte und behüllte Viren ist unterschiedlich (siehe DVG-Liste Seite 123).
Viren sind nur in lebenden Zellen vermehrbar, im Lichtmikroskop nicht sichtbar und enthalten im Gegensatz zu Pflanzen- und Tierzellen nur eine Nukleinsäure.

Unbehüllte Viren	**Auswirkung und Krankheitsbild**
Viren mit Ribonukleinsäure (RNA)	
Entenhepatitisvirus	Krankheit der Entenküken, Elterntierimpfung nach Genehmigung
Aviäres **E**ncephalomyelitisvirus	Gehirn-Rückenmarks-Entzündung bei Hühnerküken, Zitterkrankheit, AE, Elterntierimpfung
Aviäre REO-Viren	a) Atemwegs- und Gelenkerkrankung bei Junghühnern b) Infektiöse Myokarditis der Gänseküken (Gössel)
Virus der Gumboro-Krankheit	**I**nfektiöse **B**ursa **D**isease (IBD), Krankheit der Hühnerküken, Elterntierimpfung
Viren mit Desoxyribonukleinsäure (DNA)	
Parvovirus der Gänse	Derzsysche Krankheit der Gänseküken (früher Gänsepest), Elterntierimpfung nach Genehmigung
Aviäre Adenoviren	weit verbreitete Begleitviren, Leistungsabfall bei Legehennen, blutige (hämorrhagische) Darmentzündung bei Puten
Behüllte Viren	
Viren mit Ribonukleinsäure (RNA)	
Aviäre Leukoseviren	Leukose, Sarkome, Osteopetrose bei Hühnern, Lymphoproliferative Krankheit bei Puten
Coronaviren	
Virus der infektiösen Bronchitis	**I**nfektiöse **B**ronchitis (IB) bei Jungtieren und Leistungsabfall bei Legehennen, Impfprogramme üblich
Putenenteritisvirus	Darmentzündung bei Puten (selten)
Influenza-A-Virus	Klassische Geflügelpest, Influenza-A-Virusinfektionen bei Puten, Enten und Gänsen
Paramyxo-Viren	Nasen-Luftröhrenentzündung bei Puten (**T**urkey **R**hino**t**racheitis, TRT)
Parainfluenza-Viren	Krankheit nicht in Erscheinung tretend
Newcastle **D**isease Virus	Newcastle-Krankheit (ND), Virus auch bei exotischen Vögeln, früher atypische Hühnerpest, Impfprogramme bei mehr als 200 Hühnern vorgeschrieben)
Viren mit Desoxyribonukleinsäure (DNA)	
Hepadnavirus	Hepatitis-B-Virus-Infektion der Enten (DHBV), kein Krankheitsausbruch
Herpesviren	
Virus der **I**nfektiösen **L**aryngo**t**racheitis	ansteckende Kehlkopf-Luftröhrenentzündung (ILT) der Hühner,
Entenpestvirus	Krankheit bei Enten aller Altersstufen, Impfung nach Genehmigung
Virus der Marekschen Krankheit (**M**arek's **D**isease)	Mareksche Krankheit (MD) der Hühner, Impfung üblich
Avipoxviren	Geflügelpocken (Hühner, Puten und Wassergeflügel selten), Impfung möglich

Zoonosen

Immer wieder taucht die Frage auf, ob Krankheitserreger des Geflügels auch auf den Menschen übertragen werden können. Infektionskrankheiten, die wechselseitig vom Tier zum Menschen oder vom Menschen zum Tier übertragbar sind, werden **Zoonosen** genannt.
Die meisten Krankheitserreger des Geflügels haben sich so stark an den Wirtsorganismus angepaßt, daß sie sich im Menschen nicht vermehren können. Von größerem Interesse ist jedoch der bei anderen Nutztieren ebenso vorkommende Salmonellenbefall. Durch gründliches Erhitzen der Geflügelprodukte – 10 Minuten lang auf 70 °C Kerntemperatur – kann die Gefahr aber gebannt werden; Salmonellen und ihre Giftstoffe gehen dabei zugrunde.
Ein Überwechseln weiterer Krankheitserreger auf den Menschen wird nur selten beobachtet. Darmparasiten des Geflügels gehen niemals auf den Menschen über. Für das Verständnis bestimmter Geflügelkrankheiten ist aber der Vergleich mit Erkrankungen des Menschen, die von ähnlichen oder verwandten Mikroorganismen ausgelöst werden, hilfreich (siehe Tabelle 4).

Tab. 4. Zoonosen und vergleichbare Krankheiten bei Geflügel und Mensch

Geflügel		**Mensch**
Parasiten		
Rote Vogelmilbe	* (+)	Milben an Kleidung und Körper
Hühnerfloh	(+)	einzelne Flohstiche
Bakterien		
Pseudomonas-Keime	+	Wundinfektion
Salmonellen	+	Salmonellose, Lebensmittelvergiftung
Pseudotuberkulose (Yersinien bei Puten)	+	Pseudotuberkulose
	**o	Pest des Menschen
Geflügelcholera (Pastenrellen)	+	Wundinfektion, *keine* Cholera des Menschen
Listerienbefall (selten)	(+)	Listeriose nach Hautinfektion
Rotlauf (Puten)	+	Rotlauf nach Hautinfektion
Geflügeltuberkulose	(+)	Vogeltuberkulose bei Immunschwäche
Campylobacter-Keime im Darm	+	Magen-Darmerkrankung
Closteridienkeime im Darm	+	Wundinfektion (Gasbrand)
Botulismus Typ C (Mast- und Wassergeflügel)	o	Botulismus Typ A, B, E und F
Ornithose/Psittakose	+	Ornithose/Psittakose
Mykoplasmen		
Mykoplasma-Infektion der Atemwege	o	Eaton-Pneumonie (atypische Pneumonie)
Virusinfektionen		
Aviäre Encephalomyelitis (AE)	o	Poliomyelitis
Leukose	o	Leukämie
Infektiöse Bronchitis	o	Coronavirusinfektion der Atemwege
Klassische Geflügelpest, Puten-, Enteninfluenza A	(+)	Influenza-A-Virusgrippe
Parainfluenza 2	+	Parainfluenza 2
Newcastle-Krankheit	+	örtliche Bindehaut- und Lymphknoteninfektion
Infektiöse Laryngotracheitis (ILT)	o	Herpes, Mundbereiche und genital
Marekschе Krankheit	o	Burkitt-Lymphom/Mononukleose
Geflügelpocken	o	Pocken des Mechen
Stallstaub	+	Allergien, Farmerlunge (Fibrosierung der Lungen)

* + vom Geflügel übertragbar
**o vergleichbare Krankheiten, nicht wechselseitig übertragbar

Lebensmittelhygienische Bedenken werden im EU-einheitlichen Geflügelfleischhygienegesetz und seinen zusätzlichen Verordnungen berücksichtigt. Die vorgeschriebene Beurteilung von Krankheiten oder krankhaften Veränderungen beim Schlachtgeflügel und Geflügelfleisch ist zusammengefaßt aus Tabelle 5 ersichtlich. Auch bei Schlachtungen für den Hausgebrauch sollte entsprechend verfahren werden.

Voraussichtlich im Jahre 1995 sind Änderungen zum Geflügelfleischhygienegesetz und seinen Zusatzverordnungen zu erwarten. Es ist geplant, vor allem eine intensivere tierärztliche Betreuung und Überwachung der Großbestände in den Ursprungsbetrieben der Schlachttiere zu fordern. Zur Kontrolle nach der Schlachtung wird erwogen, stets stichprobenweise Rückstandsuntersuchungen und eine strengere Überprüfung der Schlachthygiene vorzuschreiben. Dem überwachenden Tierarzt soll überdies ein Eingreifen in den technischen Ablauf des Schlachtvorganges ermöglicht werden. Die Einzeltieruntersuchung soll dagegen, sofern keine Besonderheiten auffallen, gegebenenfalls auf insgesamt 300 Stichproben reduziert werden können.

Tab. 5 Beurteilung von Krankheiten und krankhaften Veränderungen beim Schlachtgeflügel und Schlachtgeflügelfleisch

Auszug aus Anlage I zu § 2 der Geflügelfleischuntersuchungs-Verordnung: Schlachtgeflügeluntersuchung

Entsprechend Abschnitt I ist u.a. zu achten

nach Nr. 2a auf Krankheiten, die auf Mensch und Tier übertragen werden können;
nach Nr. 2b auf Erscheinungen des Allgemeinbefindens, wodurch das Geflügelfleisch untauglich zum Genuß für den Menschen werden kann;
nach Nr. 2c auf Anzeichen, daß die Tiere bedenkliche Stoffe aufgenommen haben, die in das spätere Lebensmittel übergehen können;
nach Nr. 3b auf Verletzungen.

Nach Nr. 6 werden Rückstandsuntersuchungen und weitere, z. B. bakteriologische Untersuchungen, bei geplanten Schlachtungen in Geflügelschlachtereien, nach näherer Anweisung der zuständigen Behörden veranlaßt.

Nach Nr. 7 ist die Schlachtung zu verbieten beim Vorliegen von
Geflügelcholera,
Geflügelpest,
Newcastle-Krankheit,
Ornithose,
Salmonellose oder
Tollwut.

Nach Nr. 8b ist die Schlachtung auch von gesundem Geflügel zu verbieten, wenn dieses Berührung mit Tieren hatte, die von einer der in Nr. 7 genannten Krankheiten befallen sind. Ausnahmen zur Sonderschlachtung kann der amtliche Tierarzt erteilen.

Nach Nr. 8c besteht überdies Schlachtverbot bei allen sonstigen Anhaltspunkten dafür, daß das von diesen Tieren zu gewinnende Geflügelfleisch nicht als tauglich zum Genuß zu beurteilen wäre; es sind dies vor allem die in Abschnitt II Nr. 6 aufgeführten Vorkommnisse, siehe Fortsetzung Tab. 5, Seite 36.

Tab. 5 (Fortsetzung)

Auszug aus Anlage II zu § 2 der Geflügelfleischuntersuchungs-Verordnung: Geflügelfleischuntersuchung

Besichtigen, u. U. durchtasten, anschneiden (Konsistenz, Farbe, Geruch), u. U. bakteriologische und Rückstands-(Hemmstoff-) sowie Fremdwasser-Untersuchung!

Tauglich: Plombe oder Schutzhülle mit Beschriftung!

Untauglich ganze Tierkörper, Abschnitt II, Nr. 6:

Parasiten	*Pilze*	*Bakterien* *	*Viren* *
g) Parasiten in Unterhaut	b) Aspergillose (Schimmelpilzkrankheit)	ⓐ Geflügelcholera bei Puten	ⓐ (Geflügelpest)
b) Blackhead (Schwarzkopf-Krankheit, Blinddarm-Leber-Entzündung der Puten)		ⓐ (Listeriose)	ⓐ Newcastle-Krankheit
		ⓐ (Ornithose)	ⓐ (Tollwut)
		ⓐ Salmonellose (Paratyphus)	b) (Gänseinfluenza)
		b) Colibazillose	b) Entenhepatitis (Entenküken)
b) (Toxoplasmose)		Mykoplasmose (Luftsackentzündung)	b) Leukose
		b) (Pseudotuberkulose, Puten)	b) (Pocken)
		b) Tuberkulose	
		b) Rotlauf (Puten)	
		ⓒ Bakterieämien	ⓒ Virämien

ⓐ und ⓒ = u. U. Tiere gleicher Herkunft erhitzen!

Bauchwassersucht (Legehennen!), Gelbsucht (Gallenstauung), bösartige Geschwülste, gehäufte Abszesse, Rückstände, Vergiftungen, natürlicher Tod, unvollkommenes Ausbluten, umfangreiche Verletzungen oder Blutungen oder Wäßrigkeit, Zersetzungsvorgänge oder Farbe oder Geruch oder Geschmack, Konsistenz (Leber) oder Abmagerung, fest anhaftende Verschmutzung.

Untauglich veränderte Teile, Abschnitt II, Nr. 9:
Parasitenbefall, örtliche Geschwülste oder Verletzungen oder Entzündungen oder Abszesse, Mißbildungen, rückgebildete einzelne Organe, Kalk- oder Farbablagerungen.

Für Menschen nicht geeignet und zu entfernende **Teile,** Abschnitt II, Nr. 10:

1. Luftröhre
2. abgetrennte Lungen
3. Speiseröhre
4. Kropf und Drüsenmagen
5. Darm
6. Gallenblase
7. Geschlechtsorgane
8. vor Untersuchung abgetrennte Köpfe oder Beine

* in Klammern stehen selten vorkommende Krankheiten.

Überlebensfähigkeit der Krankheitserreger und Desinfektion

Natürliches Zugrundegehen der Erreger

Im Rahmen der allgemeinen Gesundheitspflege interessiert, wie lange Krankheitserreger auch ohne Desinfektionsmaßnahmen am Leben bleiben (Tenazität) und was bei der Anwendung von Desinfektionsmitteln zu beachten ist, damit es tatsächlich zur Zerstörung der Vermehrungsfähigkeit der Erreger kommt.

Tabelle 6 zeigt einige Beispiele des natürlichen Zugrundegehens von Krankheitskeimen. Aus dem langdauernden Überleben ergibt sich die Notwendigkeit der Anwendung von Desinfektionsmitteln sowie zum Wechsel der Schuhe und Oberkleidung vor Betreten eines Stalles.

Tab. 6. Zeitdauer bis zum natürliche Zugrundegehen der Erreger

Erreger	Lebensdauer
Äußere Parasiten	
Federlinge	1–2 Wochen ohne Wirtstier
Vogelmilben	5 Monate ohne Nahrung (überwintern im Stall)
Hühnerfloh	Puppe im Kokon mehrere Monate
Darmparasiten	
Wurmeier	Wochen (Invasionslarve in Wärme) Monate (Eier im Trockenen, Kälte) u. U. Überleben im Zwischenwirt
Kokzidien	Tage in feuchter Wärme (Sporogonie, 1–3 Tage), etwa 1 Jahr in trockener Kälte (Oocysten), überleben nicht im Brutschrank!
Histomonaden	bis 11 Jahre im Regenwurm
Bakterien	
Pasteurellen	Tage bis Monate (in Feuchtigkeit)
Escherichia coli	1–6 Wochen
Campylobacter Helicobacter jejuni	im Trockenen nur kurze Zeit!
Salmonellen	Batteriekot 2–3 Wochen alte Einstreu 3 Monate neue Streu, Heu 11 Monate! Hitze: 70 °C, 10 Minuten!
Tuberkulosebakterien	Monate, im schattigen Auslauf 3 Jahre
Mykoplasmen	Tage (in Wärme) bis Wochen (kühlere Temperaturen)
Viren	Gefriertemperaturen konservieren! 65 °C 30 Min. inaktivieren!
Infektiöse Bronchitis (IB)	Tage (in Wärme) bis Wochen (kühlere Temperaturen)
Newcastle Disease (ND)	4–11 Tage (in Wärme) bis 30 Tage (kühlere Temperaturen), im Käfig 1–3 Wochen
Aviäre Encephalomyelitis (AE)	Monate
Gumboro-Krankheit	Monate
Aviäre Adenoviren, Infektiöse Laryngotracheitis (ansteckende Kehlkopf-Luftröhren-Entzündung)	Monate
Mareksche Krankheit	16 Wochen im Staub

Desinfektion

Über die Wirksamkeit der verschiedenen handelsüblichen Desinfektionsmittel informieren unter Hinweis auf die wirksamen Einzelsubstanzen die Desinfektionsmittellisten der Deutschen Veterinärmedizinischen Gesellschaft (DVG). Es gibt eine Liste für die Tierhaltung (DVG-Liste Tierhaltung) und eine Liste für den Lebensmittelbereich. Diese Listen werden laufend auf den neuesten Stand gebracht.

In Tabelle 17, Seite 119, sind einige Wirkstoffgruppen herausgegriffen, die üblicherweise zu Desinfektionsmaßnahmen in geräumten und zunächst gründlich gereinigten **Geflügelställen** herangezogen werden. Aus der Tabelle ist ersichtlich, welche Substanzen erfolgreich gegen Erreger bakterieller Infektionskrankheiten, mit Ausnahme von Bakteriensporen und Tuberkulosebakterien, welche gegen Tuberkulosebakterien oder Pilze, gegen unbehüllte oder behüllte Viren (siehe Seite 123) sowie gegen Dauerformen von Innenparasiten einsetzbar sind. Die Gebrauchslösungen sollen in einer Menge von 0,4 l je Quadratmeter Fläche angewendet werden und bei Zimmertemperatur während der jeweils angegebenen Zeitdauer Kontakt zum Erreger haben.

Gerade die notwendige Einwirkungszeit wird bei der Anwendung der Präparate häufig mißachtet. Das kurze Auftreten auf eine sogenannte Desinfektionsmatte vor Betreten eines Stalles ist, wie die Liste zeigt, in der Regel wirkungslos, da wohl niemand eine oder zwei Stunden auf der Matte stehen bleiben wird! Sicherer ist da zumindest bei der Bodenhaltung von Geflügel schon der Schuhwechsel und das Benutzen einer Überkleidung beim Betreten des Stalles oder Auslaufes, was auch für Handwerker und Besucher gelten muß. Wer-

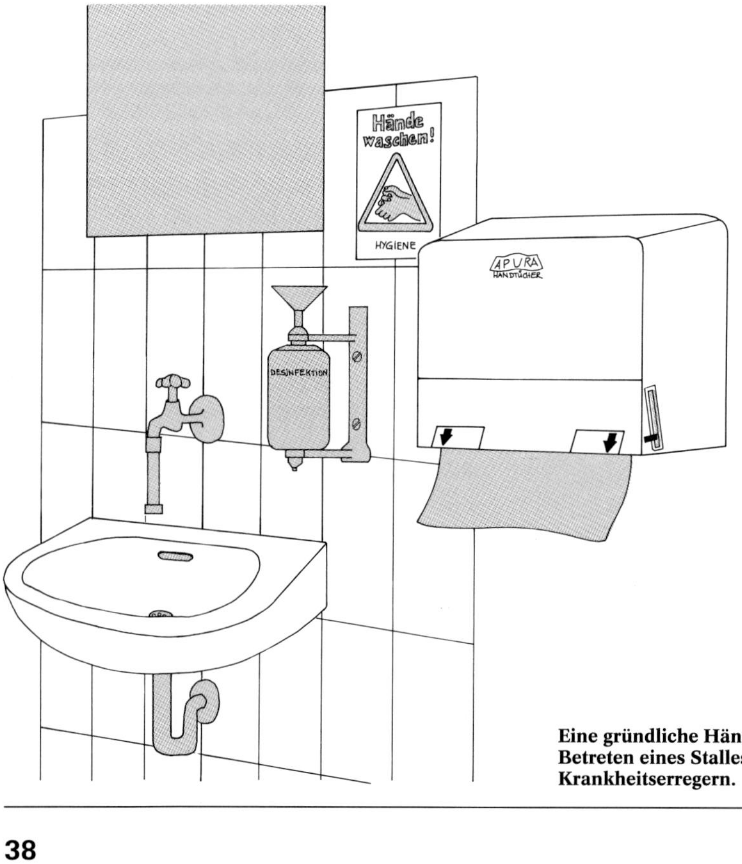

Eine gründliche Händedesinfektion vor und nach dem Betreten eines Stalles verhindert die Verschleppung von Krankheitserregern.

den vor einer Neubelegung des Stalles Desinfektionsmittel gekauft, so ist auf die Kennzeichnung der wesentlichen Inhaltsstoffe zu achten. Diese sind nämlich gemäß einer Empfehlung der EG-Kommission auf der Packung anzugeben. Nicht nur auf den Behältnissen des Landhandels, sondern auch auf den Kleinpackungen einschlägiger Geschäfte lassen sich die in der DVG-Liste aufgeführten Wirkstoffe finden: Tenside, Wasserstoffperoxid, quartäre Ammoniumverbindungen, Aldehyde, Alkohole, Phenole. Vor allem bei aldehydhaltigen und den parasitenwirksamen Desinfektionsmitteln ist zum Schutz der eigenen Gesundheit Atem- und Händeschutz zu tragen. Aus Tabelle 18, Seite 122, sind einige im **Lebensmittelbereich** gebräuchliche Desinfektionsmittel zu entnehmen, die sich bei entsprechender Einwirkungszeit auch zur Händedesinfektion eignen.

Erregerübertragung

Nicht immer wird es gelingen, durch Desinfektionsmaßnahmen die Übertragung von Erregern zu verhindern.

Die Einschleppung der Krankheitserreger in eine Herde und die Verbreitung von Tier zu Tier kann durch kranke Tiere selbst erfolgen, durch nicht sichtbar erkrankte, jedoch den Erreger beherbergende und ausscheidende Tiere, aber auch durch solche, an denen der Erreger nur äußerlich haften geblieben ist. Überdies ist immer, trotz aller Vorsichtsmaßnahmen, an die passive Übertragung durch den Menschen und die verschiedensten Gegenstände und Stoffe zu denken, die mit Körperausscheidungen betroffener Tiere Kontakt hatten (siehe Tabelle 7).

Tab. 7 Möglichkeiten der Erregerübertragung

Lebende Überträger:	Tote Überträger:
Tiere und Menschen, die Erreger von Geflügelkrankheiten *an oder in sich* tragen und ausscheiden	Gegenstände und Stoffe, an denen Krankheitskeime möglicherweise *haften*
– Zukauftiere – Wildvögel – Mäuse, Ratten, Nutz- und Haustiere (Salmonellen) – Tierpfleger, Besucher – Insekten, Milben	– Einstreu, Futterreste – Stallstaub, auch in der Luft – Trinkwasser – Stall- und Transportgeräte – Eierpackschachteln bei wiederholter Verwendung

Krankheitsvorbeuge

Eine vorbeugende Gesundheitspflege dient vier Zielen:
- zum ersten trägt sie zum anhaltenden Wohlbefinden der Tiere bei und dient damit auch dem Tierschutz;
- zweitens führt sie zu befriedigenden Mast- und Legeleistungen;
- drittens hilft sie, gefährliche Mikroorganismen, vor allem Salmonellen, vom Menschen fernzuhalten;
- viertens dient sie der Gewinnung qualitativ hochwertiger Lebensmittel unter Vermeidung von rückstandsbildenden Medikamenten.

Tierhaltung

Am erfolgreichsten ist die Haltung von nur einer Altersgruppe pro Stall.
Ein solches Vorgehen ist bei den Herden des Wirtschaftsgeflügels üblich, die regelmäßige Stalldesinfektion möglich.
In Kleinbeständen, meist in **Bodenhaltung,** wo ein laufender Eierertrag von Tieren unterschiedlichen Alters erwartet wird, bleibt der Stall oft jahrelang belegt. Richtig wäre, sofern genügend Raum zur Verfügung steht, das jährliche Umsetzen in einen freien Stallraum und bei Auslaufhaltung das Anlegen von Wechselausläufen. Dann wäre wenigstens einmal im Jahr eine Grundreinigung des Stalles mit anschließender Desinfektion und Insektizidversprühung möglich. Das »Hühnermüdewerden« von Stall und Auslauf ist sonst jedenfalls unvermeidbar und führt schließlich zu gehäuftem Vorkommen hauptsächlich der in Tabelle 8 aufgeführten Krankheiten.
Vor allem bei Bodenhaltung ist deshalb das Tragen stalleigener Schutzkleidung, ein Schuhwechsel vor Betreten des Stalles oder Auslaufes und das Fernhalten anderer Haustiere zur Krankheitsvorbeuge unabdingbar. Nützlich ist in der Bodenhaltung vor allem, daß sich geringe Fütterungsfehler oft von selbst wieder ausgleichen.
Bei der **Boxenhaltung** von Geflügel auf Drahtgeflechten, wo mit erregerbedingten Krankheiten kaum zu rechnen ist, sollte nach dem Kauf geimpfter Tiere zur Vorsorge in erster Linie auf eine vollwertige Ernährung, das gelegentliche Verabreichen von Quarzsand, auf dauernde Trinkwasserversorgung und auf eine zugfreie Stallbelüftung geachtet werden.
Beim Eierverkauf sind aufgrund von EG-Vermarktungsnormen auf Kleinpackungen mit Eiern der Güteklasse A über die Art der Hennenhaltung folgende Angaben möglich:

a) Eier aus Freilandhaltung
b) Eier aus Auslaufhaltung
c) Eier aus intensiver Bodenhaltung
d) Eier aus Volierenhaltung

Solche Angaben sind jedoch nur zulässig, wenn sich der Betreiber einer Packstelle bestimmten Überprüfungen durch das zuständige Regierungspräsidium unterstellt und genaue Aufzeichnungen über Erzeugung und Lieferung der Eier führt. Unberechtigte Angaben werden nach § 17 Abs. 1 Nr. 5 des Lebensmittel- und Bedarfsgegenständegesetzes beanstandet (siehe Seite 116). Im übrigen darf bei diesen Eiern der Klasse A, wie auch bei Eiern ohne solche Deklaration, die Luftkammerhöhe 6 mm nicht überschreiten. Die Beschaffenheit von Dotter und Eiklar muß derjenigen von frischen Eiern entsprechen.
Bei der Wertung der verschiedenen Haltungsformen tauchen jedoch schnell Zielkonflikte auf.
Wird die Lebensmittelhygiene und die Gesundheit der Tiere in den Vordergrund gestellt, so bietet

die Boxenhaltung auf Drahtgeflechten uneingeschränkte Vorteile. Erregerbedingte Krankheiten können sich dort nach Einhaltung der Impfprogramme zum Schutz vor Virusinfektionen in der Regel nicht ausbreiten, die Verabreichung von rückstandsrelevanten Antibiotika oder Mitteln gegen den Parasitenbefall erübrigt sich. Die gelegten Eier sind sauber und kühlen sich nach dem Abrollen auf dem Drahtgeflecht schnell ab. Die äußerste Schicht der Eischale, die Kutikula, kann schnell trocknen und somit das Eindringen von Keimen durch die Schalenporen weitgehend verhindern. Daß mit der guten Gesundheit trotz der Bewegungseinschränkung auch Wohlbefinden verbunden ist, zeigt bei Einhaltung bestimmter Forderungen die bei dieser Haltungsform üblicherweise hohe Legeleistung an.
So sind die Tiere z. B. auf optimale Versorgung angewiesen. Jede Störung führt zu einer Beeinträchtigung mit Legeleistungsrückgang. In der **Hennenhaltungsverordnung** (siehe Seite 115) sind daher für diese Haltungsform von Legehennen auch strenge Vorschriften für Beleuchtung, Stallklima, Fütterung und Pflege sowie die Wartung der Anlagen festgelegt. Unglücklich gewählt sind freilich die Angaben zur Bodenfläche für jede Henne. Besser wäre ein Wert, der sich auf die jeweilige Gruppengröße bezieht, weil selbstverständlich zwei oder drei Hühner insgesamt eine größere Fläche benötigen als beispielsweise fünf Hühner, für die sich bei leichten Tieren tatsächlich ein Bewegungsspielraum von 4×450 cm^2, also nahezu $^1/_4$ Quadratmeter, auch im Hinblick auf die Rangordnung bewährt hat.
Vorteile aus der Sicht des Tierschutzes, Nachteile im Hinblick auf die Lebensmittelhygiene bieten alle Formen mit **Bodenhaltung,** auch die **Volierenhaltung,** bei der die Sitzstangen pyramidenförmig übereinander angeordnet sind. Die schwer zu beherrschenden erregerbedingten Krankheiten bringen hier Probleme. Gerade auch bei der scheinbar optimalen **Auslaufhaltung** sind die Tiere Infektionsgefahren von allen Seiten, im besonderen aber von den erregertragenden Wildvögeln, ausgesetzt (siehe Tabelle 7). Überdies werden sie von Greifvögeln bedroht.
Jede Gefährdung sollte jedoch, wiederum im Interesse des Tierschutzes, vermieden und Leiden durch Krankheit sollten behandelt werden. Die Verabreichung von Medikamenten birgt allerdings neue Schwierigkeiten in sich, vor allem wegen der Rückstandsprobleme. Wegen der Wiederaufnahme pharmakologisch wirksamer Stoffe aus der Einstreu ist meist die Einhaltung langer Wartezeiten bis zur Freigabe der Eier oder Schlachtprodukte erforderlich.
Außerdem läßt sich bei der Gewinnung der Eier in Legenestern trotz größter Sorgfalt eine gelegentliche Verschmutzung der Eischale mit Kot kaum vermeiden – ein weiteres lebensmittelhygienisches Problem vor allem im Hinblick auf die Möglichkeit der Kontamination mit *Salmonella*-Keimen, die in jüngster Zeit vermehrt Beachtung gefunden hat (siehe auch Seite 86).

Tab. 8. Wesentliche Gesundheitsstörungen in Kleinbeständen bei Bodenhaltung

Gesundheitsstörung	Vorkommen bzw. Ursachen	Symptome
Vogelmilbenbefall	bei feuchtwarmer Witterung	nach dem nächtlichen Blutsaugen morgens plötzliche Todesfälle
Kokzidienbefall	bei feuchtwarmer Witterung und feuchter Einstreu	Federsträuben, u. U. blutiger, dünnflüssiger Kot; Dünndarmkokzidien verursachen Blutpunkte oder kommaartige weiße Veränderungen oder Rötung des Darmes, Blinddarmkokzidien lösen blutige Blinddarmentzündung aus, *Eimeria brunetti* diphteroide Enddarmentzündung, Oocysten (oval oder rund) mikroskopisch im Darmabstrich oder nach Flotation in der Kotprobe sichtbar

Gesundheitsstörung	Vorkommen bzw. Ursachen	Symptome
Haarwurmbefall	bei Junghühnern u. U. seuchenhafte Verluste *Capillaria caudinflata* im Auslauf, *C. obsignata* auch in der Stall-Bodenhaltung	Abmagern, blasse Eidotter, Rückgang der Legetätigkeit, im geöffneten Dünndarm lassen sich die gerade noch sichtbaren fadenartigen Würmer mit der Schere hochziehen, zitronenförmige Eier mikroskopisch im Kot nachweisbar
Spulwurmbefall	in Auslauf und Stallhaltung	Abmagern, Rückgang der Legetätigkeit mit Rückbildung des Kammes, im geöffneten Dünndarm Spulwürmer leicht zu erkennen, die großen, dickrandigen Eier mikroskopisch mit den Eiern der kleinen, im Blinddarm lebenden, weitgehend bedeutungslosen Heterakiden (Pfriemenschwänze) verwechselbar
Bandwurmbefall	kurzgliedriger Bandwurm im Auslauf (Zwischenwirt: Schnecken)	Einzelglieder nur im Dünndarmabstrich auf Objektträger nach Quetschen mit Deckglas sichtbar
	langgliedrige Bandwürmer (Zwischenwirte: Käfer und Insekten)	mit bloßem Auge bzw. Mikroskop deutlich als gegliederte Würmer erkennbar
Geflügeltuberkulose	in gemischtaltrigen Beständen, vorwiegend in der Auslaufhaltung	Abmagerung, Rückgang der Legetätigkeit mit Rückbildung des Kammes, plötzlicher Tod durch Ruptur der geschädigten Leber
Muskelmagenverstopfung	grobfaseriges Auslaufgras und Steinchenmangel im Muskelmagen	Abmagerung, keine weitere Futteraufnahme, Tod, blasse Eidotter
Darm- und Eileitererkrankungen, Salmonellenbefall	Fütterungsfehler, unsaubere Legenester, Kontakt mit Wildvögeln	dünnflüssiger Kot, Schichteibildung (Fibrinmassen) im Eileiter, Salmonellen nur durch bakteriologische Untersuchung nachweisbar
Kannibalismus	in Boden- und Auslaufhaltungen bei Sonneneinstrahlung und trockenem Klima	zum Tod führt vor allem das Kloakenpicken und Ausziehen des Duodenums (Zwölffingerdarms)
Marekscher Krankheit und Leukose	Erreger allgemein verbreitet, versäumte Marek-Impfung am 1. Lebenstag, die unspezifisch auch die Leukose zurückdrängt	Erscheinungen der Hühnerlähmung bis zur etwa 32. Lebenswoche leukotische Veränderungen der inneren Organe im 1. Legejahr

Fütterung

Zur allgemeinen Gesundheitsvorsorge gehört vor allem die an Alter und Leistung angepaßte vollwertige Ernährung der Tiere. Beim Geflügel sind die Bedarfswerte sehr gut erforscht. Für den Tierhalter ist es aber schwierig, selbst ein optimales Futter zusammenzustellen. Fertigfuttermischungen, wie sie für die verschiedenen Altersstufen, für die Junggeflügelmast, für Legehennen und Truthühner als Allein- oder Ergänzungsfutter vom Handel angeboten werden, entsprechen im Eiweiß-, Fett-, Kohlenhydrat- und Rohfasergehalt den neuesten wissenschaftlichen Erkenntnissen. So gibt es neben Starterfutter für **Küken** Alleinfutter für Hühnerküken bis zur sechsten Lebenswoche mit etwa 18 % Rohprotein, für Junghennen bis zur 12. Woche mit ungefähr 16 % und ab der 13. Woche mit 13 % Rohprotein. Bei jeder Form der Bodenhaltung ist es von Vorteil, daß für die Aufzucht Fertigfutter mit Zusatz eines Kokzidiostatikums (Antikokzidiums) zur Verfügung steht und damit oft zu spät kommende Behandlungen über das Trinkwasser vermieden werden können. Legehennenalleinfutter enthält etwa 16,5 % Rohprotein. Der Futterverbrauch der Legehennen liegt dann durchschnittlich bei 110 bis 120 g Futter je Henne und Tag. Bei Rassegeflügel oder ländlichen Hühnerbeständen mit einer Legeleistung unter 70 % genügt Alleinfutter mit 15 % Rohprotein.

Die Gehalte an Mineralsalzen, Spurenelementen und Vitaminen sind in den Fertigfuttermitteln auf den Bedarf primär gesunder Tiere eingestellt. Lediglich bei vorliegenden Erkrankungen besonders der Atemwege oder des Darmes, verbunden mit erhöhtem Bedarf oder mit Resorptionsstörungen von seiten des Darmes, sind zusätzliche Gaben erforderlich. Meistens empfiehlt sich dann die Verabreichung der fettlöslichen Vitamine A, D_3 und E. Eine ständig überhöhte Vitaminisierung der Fertigfuttermischungen würde diese unnötig verteuern. Als Zahnersatz sollten aber bei jeder Haltungsform und Fütterungsart zur Förderung der Muskelmagenarbeit Quarz- oder Granitsteinchen, 5 bis 10 g je Tier und Monat, zugefüttert werden und zwar im kleineren Durchmesser von 1 bis 2 mm bereits in der ersten Lebenswoche (siehe Seite 61).

Junghühner lassen sich, wenn eigenes Getreide – ausgenommen Roggen, der nicht gerne aufgenommen wird – zur Verfügung steht, ab der achten Lebenswoche allmählich auch auf eine kombinierte Fütterung mit Ergänzungsfutter für Junghennen und Getreidekörner umstellen. Ab der **Legereife** erhalten sie dann als Ergänzungsfutter etwa 60 bis 70 g Legemehl und 50 bis 60 g Körner. Die Körner können nachmittags in die Einstreu gegeben werden. Zur Förderung der Eischalenstabilität werden zusätzlich täglich noch 3 bis 5 g Muschelschalen je Henne angeboten. Bei abendlicher Verabreichung der Muschelschalen liegt während der Eischalenbildung am Vormittag noch ein hoher Kalziumspiegel im Darm vor. Zur Deckung des plötzlich hohen Bedarfs an Kalzium muß dann den Medullarknochen weniger Kalzium entzogen werden.

Der Trinkwasserbedarf liegt bei einer Umgebungstemperatur von 12 °C bis 16 °C bei etwa 250 ml je Legehenne (siehe auch Seite 53). Da der Bedarf bei höheren Temperaturen stark ansteigt und eine Arzneimittelgabe im Trinkwasser stets auf die mittlere Wasseraufnahme berechnet wird, darf bei heißen Temperaturen nach Verbrauch der berechneten Wassermenge zur Vermeidung einer Arzneimittelvergiftung nur noch medikamentenfreies Wasser gegeben werden. Wasservorratsbehälter und Schwimmkästen sind regelmäßig zu reinigen, um möglichst keimarmes Wasser anzubieten. Selbst in einem Gramm frischen Futters sind üblicherweise bereits bis zu 1 Million Bakterien und etwa 10 000 Schimmelpilze und Hefen enthalten, die einem widerstandsfähigen Tier jedoch in der Regel zunächst nicht schaden. Erst eine feuchtwarme Futterlagerung kann zu einer starken Keimvermehrung, zur Futterverderbnis und zu Problemen führen, die durch den Bezug kleinerer Futtermengen vermeidbar sind. Die gründliche Vermischung der Salzsäure des Vormagens mit dem Nahrungsbrei im steinchenhaltigen Muskelmagen führt zu einer Reduktion des Keimgehaltes.

Den **Jungputen**-Aufzuchtfuttermischungen darf und sollte bei der üblichen Bodenhaltung neben den speziell für Puten zugelassenen Futterzusätzen gegen die Kokzidiose auch ein Futterzusatzstoff zur Vorbeuge gegen die Schwarzkopfkrankheit (Histomoniasis) zugefügt sein (siehe Seite 53). Einzelne für Hühner zugelassene Kokzidiostatika (Antikokzidia) machen aber Puten krank, sie sollten deshalb bei Puten nicht verwendet werden.

Beim **Wassergeflügel** ist zu beachten, daß auch für dieses Geflügel manche für Hühner bestimmte Kokzidiostatika unverträglich und deshalb für Wassergeflügel nicht zugelassen sind. Wenn kein spezielles Futter zur Verfügung steht, darf nur auf zusatzfreies Hühner- oder Putenfutter ausgewichen werden. Geflügelfutterreste, die bestimmte Kokzidiosemittel enthalten, dürfen überdies nicht an Pferde verfüttert werden. Unachtsamkeiten haben schon zu Todesfällen geführt (siehe Seite 52).

Krankheitszeichen

Anlaß zur Einleitung tierärztlicher Untersuchungen geben hauptsächlich verminderte Futter- und Wasseraufnahme, Abnahme der Legetätigkeit, Formveränderungen und Weichschaligkeit der Eier, blasse Dotter, Atmungsgeräusche, Schnabelatmung, verklebte Nasenöffnungen, kotverschmutzte oder blutige Kloaken, dünnflüssiger oder farbveränderter Kot, Blau- oder Blaßwerden der Kämme, Lähmungen oder Lahmheiten, Leichtwerden der Tiere sowie erhöhte Ausfälle. Bei der Haltung auf Drahtgeflechten liegen die unvermeidbaren natürlichen Abgänge heute monatlich meistens unter 0,5 %. Einzelne tote Tiere dür-

fen beim Geflügel vergraben werden, jedoch mindestens 50 cm tief. Größere Mengen toter Tiere sind einer Tierkörperbeseitigungsanstalt zuzuführen oder dort zur Abholung anzumelden.
Eine Übersicht über die am lebenden Tier leicht erkennbaren Krankheitszustände bietet Tabelle 9. Leitsymptome, d. h. teils am lebenden, hauptsächlich aber beim geschlachteten Tier erkennbare Befunde gehen aus Tabelle 10 hervor. Zur sicheren Diagnosestellung empfiehlt es sich jedoch stets, die gerade beim Geflügel gut mögliche Überbringung oder Einsendung an eine tierärztliche Untersuchungsstelle wahrzunehmen. Ein genauer Bericht über die im Stall beobachteten Vorkommnisse erleichtert eine gezielte und damit schnelle Untersuchung. Das Anlegen von Bakterienkulturen führt zu einer auf den vorgefundenen Krankheitskeim ausgerichteten Behandlungsmöglichkeit. Aus den virologischen Befunden kann vor allem für spätere Aufzuchten oder Zukäufe ein Vorbeuge- und Impfprogramm abgeleitet werden. Da spezifische Behandlungen bei den Virusinfektionen nicht möglich sind, richten sich die Maßnahmen im bereits erkrankten Bestand dann in erster Linie auf bakterienbedingte Begleitinfektionen und allgemeine Kräftigungskuren.

Tab. 9. Am lebenden Tier leicht erkennbare krankhafte Veränderungen

Ernährungszustand	guter Zustand bei akuter, schnell verlaufender Krankheit; Magerkeit bei chronischer, langsam ablaufender Erkrankung; Kontrolle durch Abtasten der Brustmuskulatur; herausragen des Brustbein bei Magerkeit
Körperhaltung	Verdrehungen des Kopfes bei Newcastle-Krankheit; Lähmungen der Gliedmaßen bei Marekscher Krankheit; Schwächezustand bei chronischer Erkrankung z. B. durch Parasitenbefall, Leukose, Tuberkulose
Federkleid	Außenparasiten, kahle Stellen bei Federpicken und Kannibalismus; außergewöhnliche Mauser beachten
Pupillen	verzerrt bei Marekscher Krankheit
Schnabelatmung	bei Entzündungen der Atemwege und bei heißem Klima zur Wärmeabgabe, notwendig zum Ausgleich der Körpertemperatur
Nasenöffnungen	feuchte Öffnungen bei Erkrankungen der Atemwege; bei Nasendeckelgriff tritt Schleim, bei anhaltender Erkrankung mit widerlichem Geruch aus!
Unteraugenhöhlen	aufgetrieben bei Geflügelschnupfen oder Sinusitis der Puten
Rachenraum	Fibrinauflagerungen bei Pocken-Diphtherie; kleine Fibrinstippchen mit Schleimhautdefekten bei bösartig verlaufender Newcastle-Krankheit; Verhornung der Schleimdrüsenausgänge bei Vitamin-A-Mangel
Kamm	violett bei akuten, fieberhaften Krankheiten oder Kreislaufstörungen sowie bei Herz- und Nierenerkrankungen; blaß bei chronischer, langdauernder Erkrankung wie Parasitenbefall, Tuberkulose, Leukose; Auflagerungen bei Pocken
Kloakenbereich	Federn mit Kotteilen beschmutzt bei Darmkatarrh; durch Entzündungsprodukte verklebt bei Eileiterentzündung; auch Beschaffenheit des abgesetzten Kotes beachten; Blutbeimengungen bei starkem Kokzidienbefall
Ständer	Lähmungen bei Marekscher Krankheit, Abwinkelungen im Sprunggelenk durch Abrutschen der Achillessehne bei Perosis der Jungtiere; Verkrustungen bei Kalkbeinmilbenfall alter Hühner; Ballengeschwülste nach Verletzungen und Eindringen von Bakterien
Schambeine	Verengung des Abstandes beim Aufhören der Legetätigkeit

Tab. 10. Spezielle Krankheitszeichen (Leitsymptome), die am lebenden oder geschlachteten Geflügel auffallen

	Symptome	Ursachen
Allgemeine Benommenheit	Trauern, verminderte Futteraufnahme, Federnsträuben	Bei schweren Tieren: Beginn einer akuten bakterien- oder virusbedingten Krankheit oder einer Kokzidiose; bei leichten Tieren: Endstadium einer chronischen Krankheit (z. B. Tuberkulose, Leukose, Parasitenbefall)
Bewegungsstörungen	Lähmungen	Marekssche Krankheit, Osteomalazie, Verdrehen des Kopfes (Sterngucker) = langsam verlaufende Newcastle-Krankheit
	Abknicken der Beine und Rutschen auf dem Fersengelenk	Perosis (Abrutschen der Achillessehne vom Fersengelenk)
Haut und Gefieder	blasse Kämme, plötzl. Todesfälle	Vogelmilben (4 Beinpaare)
	Eigelege vor allem im Bereich der Kloake	Eier von Federlingen (3 Beinpaare)
	in Legenestern suchen:	Flöhe (3 Beinpaare, Sprungbeine nach Tauchen im Wasserglas deutlich sichtbar)
	»Räude« im Bereich des Rückens	Hauträude-Milben (nur im Mikroskop sichtbar)
	»Kalkbeine«	Kalkbeinmilben (nur nach Vorbehandlung im Mikroskop sichtbar)
	Federfressen, federlose, teils blutige Stellen auf dem Rücken und im Bereich der Kloake	trockenes warmes Stallklima, wird zur Untugend
	Kannibalismus, Enddarm durch die Kloake nach außen gezogen	Unruhe beim Eierlegen, Untugend bei fortdauerndem Federpicken
Muskulatur	Farbe der Brustmuskeln blaß-ockerfarben	Stoffwechselstörungen,
	Blutungen	hämorrhagisches Syndrom, Gumboro-Krankheit,
	blaß	Blutverlust infolge roter Vogelmilben, innere Verblutung bei Leberverfettung oder Tuberkulose
	dunkel-blaurot	Tod im Fieber
Kopf		
Kamm	dunkel-blauviolett	akute Infektionskrankheit oder Intoxikation, enzootischer Herztod
	blaß	chronische Erkrankung, Leukose, Tuberkulose
	Borken auf Kamm	Pocken
Augen	Hornhauttrübung	NH_3-haltiges Stallklima
	Pupillenverzerrung	Marekssche Krankheit
Augenlieder	Verklebung	Geflügelschnupfen, Vitamin-A-Mangel
Nasenöffnungen	Ausfluß (insbesondere nach Druck auf Nasendeckel)	Geflügelschnupfen, Mykoplasmose, verschiedene Virusinfektionen des Geflügels
Unteraugenhöhle	Schwellung	Mykoplasmose, insbesondere der Puten (Sinusitis)

Tab. 10 (Fortsetzung)

	Symptome	Ursachen
Atemwege		
Rachen, oberer und unterer Kehlkopf (Stimmkopf)	Schnabelatmung, oft verbunden mit klagenden Lauten bei Entzündung im unteren Kehlkopf (Syrinx)	Mykoplasmose, verschiedene Virusinfektionen, chronische Erkrankung der Atmungsorgane, ohne Infektion bei überhöhtem Stallklima
	diphtheroide Entzündungsherde	Newcastle-Krankheit
	Fibrinauflagerungen	Pocken-Diphtherie
	verhornte Drüsenausgänge	Vitamin-A-Mangel
Luftröhre und Lungen	Entzündung	Mykoplasmen- und Virusinfektionen
Lungen	eitrige Entzündung	*E. coli*-Infektion bei CRD (chronische Erkrankung der Atmungsorgane)
	hirsekorngroße Knötchen in den Lungen bei Küken	*S. pullorum*-Infektion (weiße Kükenruhr)
Luftsäcke	käsige Fibrineinlagerungen	chronische Erkrankung der Atemwege (CRD)
Nahrungsweg		
Kropf	Lähmung	bei Marekscher Krankheit, Gasbildung durch verdorbenes Futter
	Verstopfung	Rückstau bei Magenverstopfungen wegen Steinchenmangels
Drüsenmagen	Entzündung und Blutungen	blutige Entzündung der Drüsengänge bei Newcastle-Krankheit, Vergiftungen, Nierengicht und hämorrhagischem Syndrom, Erosionen am Übergang zum Muskelmagen beim Streß-Syndrom
	geschwulstartige Umfangsvermehrung	akute Mareksche Krankheit mit Lymphozyten-Wucherungen
Muskelmagen	schlaffe Muskulatur und Verstopfung, Muskelrückbildung mit Magenerweiterung	Sandmangel (vorwiegend bei Boden- und Auslaufhaltung nach Aufnahme von Einstreu oder langfaserigen Pflanzen)
	Erosionen mit Defekten der Keratinoidschicht	Streß-Syndrom, Ernährungsstörungen, Magenwurmbefall bei Junggänsen
Dünndarm, äußerlich	äußerlich sichtbare derbe Knoten	Tuberkulose
	saftige Geschwulstbildungen	Myelose (Wucherungen der weißen Blutkörperchen)
	kommaförmige Streifen im Duodenum	*Eimeria-acervulina*-Kokzidiose
	grau-weiße Punkte im Duodenum	*E. mivati*-Kokzidiose
	Blutungspunkte im ganzen Dünndarm	*E. necatrix*-Kokzidiose
	ödematöser, geröteter Darm	*E. maxima*-Kokzidiose
	deutlich gefüllte Blutgefäße	Darmentzündung, Kreislauflähmung
	zahlreiche derbe Knoten im gesamten Darmbereich und in den serösen Häuten	bösartiges Geschwulstleiden, oft von der Bauchspeicheldrüse ausgehend (Adenokarzinom)
Dünndarm, eröffnet	Blutungen, schleimiger oder dünnflüssiger Darminhalt	verschiedenartiger Kokzidienbefall, Darmentzündung durch Störung der Darmflora, Salmonelleninfektion
	schleimiger Darminhalt im vorderen Darmteil, Gallenstauung	Befall mit kleinen, kaum sichtbaren Bandwürmern bei Auslaufhaltung, Haarwurmbefall (mit bloßem Auge kaum sichtbar, Schleim mit Schere hochziehen!)
	bis etwa 10 cm lange Fadenwürmer	Spulwurmbefall
	schmirgelpapierartiges Aussehen der Schleimhaut namentlich in den Darmendteilen	nekrotisierende Darmentzündung (Enteritis durch fehlerhafte Darmflora, vermehrt *Clostridium perfringens*)

	Symptome	Ursachen
	fingernagelgroße diphtheroide Entzündungsherde	akute verlaufende Newcastle-Krankheit
Blinddärme	blutig-roter Inhalt	Blinddarm-Kokzidiose durch *E. tenella* (rote Kükenruhr)
	chronische Entzündung mit käsigen Fibrinauflagerungen	abheilende Blinddarmkokzidiose, ansteckende Leber-Blinddarm-Entzündung (Blackhead bei Puten)
Enddarm	käsige, stinkende Fibrinauflagerungen (kruppöse Entzündung)	*E. brunetti*-Kokzidiose
Kloake	blutig infiltrierte Verletzungen, blutig infiltrierter Zwölffingerdarm nach außen gezogen	Kannibalismus
	verklebte und verschmutzte Federn im Bereich der Kloake	anhaltende Darmentzündung, bei Hennen gegebenenfalls Eileiterentzündung
Bursa Fabricii	Umfangvermehrung u. U. fibrinöser oder blutiger Inhalt bei Küken oder Junghühnern	infektiöse Bursa Disease (Gumboro-Krankheit)
Legeorgane		
Eierstock	Blutfülle	akute Infektionskrankheiten, Intoxikationen mit Kreislauflähmung
	gelbe Follikel in Rückbildung	akute Virusinfektion
	degenerierte Follikel	bakterielle Infektionen (*S. pullorum*-Infektion = Hühnertyphus)
	Entartung der Follikel zur Geschwulstbildung	Eierstocktumoren, Mareksche Krankheit
Eileiter	Fibrin-(Eiter-) Ansammlungen und Schalenmassen im Eileiter	Eileiterentzündung, Schichteibildung im Eileiter, Eileiter-Bauchfellentzündung
	Zyste (bis hühnereigroß) im Bereich der Kloake mit wässeriger oder fibrinöser Füllung	zystös entarteter rudimentärer rechter Eileiter, meist keine Gesundheitsstörung
Herz und Kreislauf		
Herzbeutel	käsig-fibrinöse Einlagerungen zwischen Herzbeutel und Herzmuskel	*E. coli*-Infektion bei CRD, *S. pullorum*-Inf. bei Althühnern (Hühnertyphus), *Pasteurella*-Infektion (Geflügelcholera)
	kreideartige Einlagerungen von harnsauren Salzen	Eingeweidegicht
	Blutungspunkte und verwaschene Blutungen	akute Virusinfektionen (Newcastle-Krankheit), bakterienbedingte Erkrankungen (*E. coli*-Septikämien, Geflügelcholera)
Herzmuskel	knötchenartige, weißliche Zelleinlagerungen	*S. pullorum*-Infektion bei Küken
	mehr diffuse Einlagerungen	Mareksche Krankheit
	ockerfarbene Muskulatur infolge von Fetteinlagerungen	Herzmuskeldegeneration (nach Infektionskrankheiten, Intoxikationen oder Stoffwechselstörungen)
	Kugelherzbildung, ockerfarbene Herzmuskulatur	Enzootischer Herztod

Krankheitsvorbeuge

	Symptome	Ursachen
Blutgefäße	starke Blutfülle namentlich in Leber, Eierstock	Kreislauflähmung
Milz	trocken-käsige Knötchen	Tuberkulose
	weißlich-saftige, diffuse Umfangsvermehrung	Leukose, Marekschе Krankheit
Leber	kreideartiger Belag	Eingeweidegicht (Ablagerung von Harnsäure und harnsauren Salzen)
	weißlich-speckige Einlagerungen oder diffuse Umfangsvermehrung der weiß-grauen Leber	Leukose oder Marekschе Krankheit (Wucherung der weißen Blutkörperchen)
	trocken-käsige Knötchen (Nekroseherde), gelegentlich verbunden mit Leberruptur und innerer Verblutung	Tuberkulose
	von Blutungen umsäumte, kreisförmig abgestorbene Bezirke in Putenleber	ansteckende Leber-Blinddarmentzündung (Blackhead, Histomonadeninfektion)
	ockerfarbene, brüchige Leber	Leberdegeneration (bei Infektionskrankheiten), Leberdystrophie, Vergiftungen
	hellockerfarbene, brüchige Leber, oft mit Blutungsbezirken oder Leberruptur und innerer Verblutung	Fettlebersyndrom
Gallenblase	starke Füllung	bei Zwölffingerdarmentzündung (Abflußbehinderung), oft bei Haarwurmbefall
Nieren und Harnleiter	Harnkanälchen und Harnleiter mit weißen, harnsauren Salzen und Harnsäure gefüllt (gesunder Harnleiter dünn und unscheinbar	Nierengicht, Gumboro-Krankheit, Wassermangel
Knochen und Gelenke	biegsame Rippen und Knochen bei Kücken	Rachitis
	biegsame Rippen bei Legehennen und Auftreibungen der Rippengelenke	Osteomalazie
	Lähmungserscheinungen	Blutung in Wirbelkanal nach Bruch zwischen viertem und fünftem Brustwirbel
	Abrutschen der Achillessehne vom Sprunggelenk, abnorme Stellung des Laufknochens	Perosis
	Auftreibung namentlich der Gliedmaßenknochen	Osteopetrosis (Knochenleukose)
	gelbkäsige, derbe Knötchen im Knochenmark	Tuberkulose
	Gelenkschwellungen	verschiedene Infektionen der Gelenke

Begleitbericht zur tierärztlichen Untersuchung

Das Muster eines der Einsendung beizufügenden vollständigen Begleitberichtes ist auf Seite 49 abgedruckt. Werden die Tiere nicht überbracht, so ist die Einsendung als Expreßgut ratsam. Auf dem Expreßzettel müssen jedoch, um die Verweigerung der Annahme zu vermeiden, im Feld »Verpackung« diese Angaben eingetragen werden:

Zahl Verpackung Inhalt | **GGVE X** ja | wirkl. Gew. (kg)

Paket Tierkörper 6.2, Ziffer 11 Ab). GGVE
oder: Tierkörperteile 6.2, Ziffer 11 Ab). GGVE
Kiste Körper von verendeten Tieren:
– nicht infiziert 6.2., Ziff. 8a), GGVE
oder: – infiziert 6.2., Ziffer 8b), GGVE
Unfallmerkblatt 6.2., GOO ist anwendbar.

Außen auf der Sendung ist in roter Farbe bzw. als roter Aufklebezettel nachstehender Text anzubringen:

> **In den Güterhallen und in den Wagen getrennt von Nahrungs- und Genußmitteln lagern!**

Kunststoffbeutel eignen sich nicht zur Verpackung verendeter Tiere (fortschreitende Fäulnis), dagegen ist saugfähiges Zeitungspapier zur Erstumhüllung besser geeignet. Verendete oder getötete Tiere sind vor dem Verpacken abzukühlen.

Die Untersuchung von **Futterproben** erfolgt in der Regel in den Landesanstalten für landwirtschaftliche Chemie. Zur Untersuchung ist eine Menge von etwa 1 000 g erforderlich.

Begleitbericht für die Einsendung von Geflügel zur tierärztlichen Untersuchung

.... , den .... 19 ....
Vorname Name Datum

....
Straße Telefon

....
Postleitzahl/Wohnort

Betr.: Zucht- / Lege- / Mastbestand; Käfig- / Boden- / Auslaufhaltung

Beil.: .... lebende .... / .... verendete .... / .... getötete

.... Kotproben von .... , gekennzeichnet mit ....
.... Blutproben von .... , gekennzeichnet mit ....
.... Bruteier .... , gekennzeichnet mit ....

Alter des Bestandes: .... Tage / .... Wochen / .... Monate
Einstallung am .... / Legemonat: ....
Größe des erkrankten Bestandes: .... / weitere Bestände: ....
Beobachtungen im Bestand: ....
....
Legeleistung zur Zeit der Einsendung: .... Leistung 10 Tage vorher: ....
Verluste innerhalb der letzten Woche: ....
Zahl der weiteren erkrankten Tiere: ....
Krankheitserscheinungen des eingesandten Tieres: ....
....
Futteraufnahme: .... / verminderte Aufnahme seit ....
letzte Futterlieferung: ....
Art des Kokzidiostatikums: ....
Trinkwasserverbrauch täglich: ....
Frühere Behandlungen: ....
Impfungen wurden durchgeführt gegen: ....
Mareksche Krankheit am ....
Gumboro-Krankheit am ....
Newcastle-Krankheit (ND) am .... und .... und ....
Infektiöse Bronchitis (IB) am .... und ....
Aviäre Enzephalomyelitis (AE) am ....
sonstige Krankheiten am ....
Haustierarzt: ....
Mehrfertigung des Befundes ist zu senden an: ....

....
Mitglied der Tierseuchenkasse für Geflügel ja/nein
....
Unterschrift

Vorbeuge bei Elterntieren und der Brut

Ist das Muttertier von bestimmten Krankheitserregern befallen, so können diese dem Brutei und damit dem Küken weitergegeben werden. Vor der Bruteigewinnung ist deshalb eine Gesundheitsüberwachung der Elterntiere unerläßlich; sie wird häufig durch Geflügelgesundheitsdienste durchgeführt. Üblich ist die Kontrolle der Impfprogramme und hier im besonderen, ob die vor dem Brutbeginn notwendige Impfung gegen die ansteckende Gehirn-Rückenmarks-Entzündung (Aviäre Encephalomyelitis) zu einer die Küken ausreichend schützenden Immunität geführt hat. Die Schutzstoffe werden dann dem Eidotter mitgegeben. Außerdem werden Kotuntersuchungen und wenigstens einmal Blutuntersuchungen zum Nachweis einer etwa vorliegenden *Salmonella-pullorum*- oder *Mycoplasma-gallisepticum*-Infektion vorgenommen. Tabelle 12 zeigt Krankheitserreger, die möglicherweise von der Mutterhenne über das Brutei dem Küken mitgegeben werden. Da die fettlöslichen Vitamine A, D_3 und E vom frischgeschlüpften Küken noch nicht resorbiert werden können, ist bei der Ernährung der Elterntiere zur Vitamin-Anreicherung im Eidotter auf ein besonders vollwertiges Futter zu achten.

Im Handel käufliche Zuchthennen-Alleinfutter enthalten in der Regel bis zu 18000 IE Vitamin A je kg, während aufgrund von Fütterungsversuchen für die Junggeflügelmast beispielsweise 6000 bis 14000 IE und für Legehennen 6000 bis 12000 IE Vitamin A ausreichen. Vom ebenfalls fettlöslichen Vitamin D_3 darf bei Zuchthennen wie bei Legehennen der Höchstgehalt von 3000 IE je kg Futter nicht überschritten werden. Vitamin E sollte im Zuchtfutter ungefähr verdoppelt werden (25 bis 35 mg je kg Futter).

Auch der Gehalt an den wasserlöslichen Vitaminen des Vitamin B-Komplexes, wie Cholinchlorid, ist für Zuchttiere wesentlich zu erhöhen. Sofern die Verabreichung eines Alleinfuttermittels nicht gewünscht wird, ist neben den Getreidegaben unbedingt ein mit eiweißhaltigen Mehlen, Vitaminen, Mineralstoffen und Spurenelementen angereichertes Ergänzungsfuttermittel zuzufüttern.

Legenester sind täglich auf Sauberkeit zu überprüfen, um Verschmutzungen der Bruteier zu vermeiden. Da bei einer Elterntier-Bodenhaltung in 1 Liter Stalluft etwa 50000 bis 160000 Keime, darunter auch im Hühnerdarm vorkommende Bakterien, enthalten sind, lagern sich solche Keime auch auf den Schalen der Bruteier ab, und zwar bis zu etwa 100000 je Ei. Beim Ausbrüten in Brutapparaten können sich diese Bakterien vermehren, schließlich auch ins Ei eindringen und zum Absterben der Embryonen oder zu erhöhter Frühsterblichkeit der Küken führen. Es ist deshalb üblich, Bruteier unmittelbar nach dem Einsammeln wie auch nach dem Einlegen in den Brutapparat Formalindämpfen auszusetzen (je m^3 Rauminhalt werden in einem offenen Gefäß 21 ml Formaldehyd 40%ig = Formalin zu 21 ml Wasser und 17 g Kaliumpermanganat gegeben, Luftumwälzung 30 min lang bei 22 °C und 70 % Luftfeuchtigkeit, dann Ableitung der Gase ins Freie; restliche Dämpfe können durch Aufstellen einer Schale mit Salmiakgeist in halber Formalinmenge gebunden werden). Wenn die Dämpfe in den Arbeitsraum eindringen können, ist ein Atemschutz zu tragen. In größeren Brutbetrieben, vor allem bei der Putenbrut, werden Eier auch im Sprüh- oder Tauchverfahren oberflächlich entkeimt, wobei dann die für den Menschen nicht ganz unbedenkliche Formalinbegasung entfallen kann. Vor der nächsten Brut sind Geräte und Räumlichkeiten zuerst gründlich zu reinigen und dann anschließend zu desinfizieren. Hierzu wie auch zur Bruteidesinfektion in kleinem Umfang eignen sich die für den Küchenbereich in Drogeriemärkten angebotenen ungiftigen Mittel auf der Basis von Tensiden oder quartären Ammoniumbasen (siehe Seite 118).

Der beste Bruterfolg läßt sich mit unversehrten, mittelgroßen, bei Temperaturen um 20 °C gelagerten Eiern erzielen. Bei längerer Aufbewahrung sind die Eier gelegentlich zu wenden und, wenn nicht wegen der Wasserverdunstung für höhere Luftfeuchtigkeit gesorgt wird, bei 10 °C bis 15 °C zu lagern. Im Brutschrank ist neben der Beachtung der entsprechenden Temperatur und Feuchtigkeit auch auf ausreichende Luftzufuhr zu achten, etwa 4 m^3 Frischluft je Stunde für 1000 Eier. Die im Ei wachsenden Embryonen atmen ja bereits über die der Eischale anliegende und als außerembryonale Lunge dienende Chorioallantoismembran.

Nach Vogt (1966) werden für die Nutzgeflügelarten folgende Bedingungen zur Brut empfohlen:

Geflügelart	Temperatur		Feuchtigkeit		Wenden		Schieren
	Tag	°C	Tag	% rel.	Tag	Häufigkeit	Tag
Hühner	1.–17. 18.–21.	37,8–38,0 37,0	1.–19. 20.–21.	55–60 80	1.–17.	4mal	16.+17.
Puten	1.–22. 23.–28.	37,5–37,8 37,0	1.–24. 25.–28.	55–60 80	1.–24.	4mal	9.+22.
Gänse	1.–16. 17.–27. 28.–30. ab 10.	37,5–37,8 37,3–37,4 36,5–37,0 2mal bis Raumtemp. kühlen	1.–28. 30.	60 80	2.–25.	2mal 120 °C	10.+25.
Enten	1.–22. 23.–28. ab 10.	37,8–38,0 37,0–37,5 2mal tgl. kühlen	1.–22. 23.–28.	55–60 80	2.–22.	2mal 180 °C	7.+14.+22.

Wesentlichen Nutzen für die spätere Gesundheit bringt eine Impfung gegen die Mareksche Krankheit noch in der Brüterei vor Auslieferung der Küken (siehe Seite 67).

Tab. 11. Vertikal vom Elterntier auf das Küken übertragbare Krankheitserreger

Mögliche Keime im Eiinneren	**Symptome**
Salmonella gallinarum-pullorum ➛	weiße Kükenruhr, Hühnertyphus
Salmonella enteritidis ➛	Paratyphoidkrankheit
Mycobacterium avium ➛	Geflügeltuberkulose
Staphylokokken ➛	Frühsterblichkeit der Küken
Leukoseviren ➛	Wucherungen der weißen Blutkörperchen
Aviäres Encephalomyelitis-virus ➛	Gehirn-Rückenmarks-Entzündung der Küken
weitere Viren ➛	Absterben der Embryonen
Mycoplasma gallinarum ➛	Erkrankung der Atemwege
Mögliche Keime auf der Eischale	**Symptome**
Salmonella Unterarten außer den obengenannten ➛	Absterben von Embryonen, Darmerkrankungen beim Küken
Escherichia coli ➛	normaler Darmbewohner, krankmachend nach zusätzlichen Schädigungen
Fäulniskeime, Luftkeime, Pilzsporen ➛	mangelhafte Bruteiqualität Embryosterblichkeit

Campylobacter-Keime und Kokzidien-Oozysten gehen während der Brutdauer zugrunde

Vorbeuge in der Aufzucht und Impfprogramme

Da die Aufzucht auf Bodeneinstreu vor allem von Parasiten bedroht ist, empfiehlt es sich, gelegentlich mikroskopische Kotuntersuchungen vorzunehmen. Besonders wichtig ist dies vor Beginn der Legeperiode, um eine notwendige medikamentöse Wurm- oder Kokzidienbekämpfung vorher einleiten zu können. Trotz guten hygienischen Haltungsbedingungen wird sich bei Bodenaufzucht ein Kokzidiosedurchbruch im Jungtieralter kaum vermeiden lassen, es sei denn, es ist eine erstmalige oder ganz streng isolierte Stallbelegung. Daher ist es bei der Bodenhaltung ratsam, solche vom Handel angebotenen Aufzuchtfutter zu geben, denen futtermittelrechtlich schon Zusatzstoffe zur Verhütung der **Kokzidiose** (Kokzidiostatica, Antikokzidia) zugesetzt sind. Die vorgeschriebenen Absetzzeiten vor der Schlachtung oder Ei-Gewinnung sind aber, um Rückstände im Lebensmittel zu vermeiden, genau einzuhalten.

Aus Tabelle 12 können die für die einzelnen Präparate festgelegten Tierarten und **Wartezeiten** abgelesen werden. Eine Wiederaufnahme der in die Einstreu ausgeschiedenen Medikamentenreste läßt sich vermeiden, wenn die Junghühner vor Legebeginn auf frische Einstreu oder Drahtgeflechte umgesetzt werden. Aufzuchtfutter für Puten gibt es mit einem Zusatz gegen **Histomonaden,** die als

Tab. 12. Wartezeiten nach Verfüttern von Zusatzstoffen zur Verhütung der Kokzidiose und der Schwarzkopfkrankheit

Zusatzstoff	Verwendungszweck		Gehalt an Zusatzstoffen mg je kg		Wartezeit	Wirkung auf
	Tierart	Höchstalter der Tiere	min.	max.		
Nach Anlage 3, Teil 1, zur Futtermittel-VO						
4.1 **Zusatzstoffe zur Verhütung der Kokzidiose**						
Amprolium	Geflügel	bis zur Legereife	62,5	125	3 Tage	Schizonten I u. II
Amprolium-Ethopabat (Amprol plus) (Mischung aus 25 Teilen Amprolium und 1,6 Teilen Ethopabat)	Hühner, Truthühner, Perlhühner	bis zur Legereife	66,5	133	3 Tage	Schizonten I u. II
Arprinocid (Arpocox)	Masthühner		60	60	5 Tage	Sporozoiten
	Junghennen	16 Wochen	60	60		Merozoiten
Decoquinat (Deccox)	Masthühner		20	40	3 Tage	Sporozoiten
DOT (Zoalen)	Geflügel	bis zur Legereife	62,5	125	3 Tage	Merozoiten I
Halofungion (Stenorol)	Masthühner		2	3	5 Tage	Sporozoiten
	Truthühner	12 Wochen	2	3	5 Tage	Schizonten I u. II
Lasalocid-Natrium (Avatec)	Masthühner		75	125	5 Tage	Sporozoiten
	Junghennen	16 Wochen	75	125		Trophozoiten I
	Truthühner	12 Wochen				Schizonten I
Meticlorpindol (Coyden)	Kaninchen		125	200	5 Tage	
	Masthühner		125	125	5 Tage	
	Perlhühner	bis zur Legereife				Sporozoiten
Meticlorpindol-Methylbenzoquat (Lerbek) (Mischung aus 100 Teilen Meticlorpindol und 8,35 Teilen Methylbenzoquat)	Masthühner		110	110	5 Tage	
	Junghennen	16 Wochen	110	110		Sporozoiten
	Truthühner	12 Wochen	110	110	5 Tage	
	Kaninchen		220	220	5 Tage	
Monensin-Natrium (Elancoban 100)* gefährlich für Einhufer!	Masthühner		100	125	3 Tage	Sporozoiten
	Junghennen	16 Wochen	100	100		Trophozoiten I
	Truthühner	16 Wochen	90	100	3 Tage	Schizonten I
Narasin (Monteban 100)* gefährlich für Einhufer u. Puten!	Masthühner		60	70	5 Tage	Sporozoiten Trophozoiten I
Nicarbazin	Masthühner	4 Wochen	100	125	9 Tage	Schizonten I
Robenidin (Robenz)	Masthühner		30	36	5 Tage	Trophozoiten I
	Truthühner					
	Mastkaninchen		50	66	5 Tage	
Salinomycin-Natrium (Sacox)* gefährlich für Einhufer!	Masthühner		50	70	5 Tage	Sporozoiten Trophozoiten I Schizonten I

Tab. 12 (Fortsetzung)

Zusatzstoff	Verwendungszweck Tierart	Höchstalter der Tiere	Gehalt an Zusatzstoffen mg je kg min.	max.	Wartezeit	Wirkung auf
4.2 Zusatzstoffe zur Verhütung der Schwarzkopfkrankheit						
Dimetridazol	Truthühner	bis zur Legereife	100	200	6 Tage	
	Perlhühner	bis zur Legereife	125	150	6 Tage	
Ipronidazol	Truthühner	bis zur Legereife	50	85	6 Tage	
Ronidazol	Truthühner	bis zur Legereife	60	90	6 Tage	

* = nicht verträglich mit Tiamulin

einzellige Protozoen die Schwarzkopfkrankheit (Typhlohepatitis) auslösen.

Zum Schutz vor **Virusinfektionen** lassen sich vorbeugend Impfungen durchführen. Die Impfstoffe dürfen jedoch ohne behördliche Ausnahmegenehmigung nur durch Tierärzte angewendet werden (Tierimpfstoff-Verordnung). Ist die Impfung mit einem abgeschwächten aber noch vermehrungsfähigen Impfvirus über das Trinkwasser vorgesehen, so sind die Tränkanlagen zunächst mechanisch und mit frischem Wasser, ohne irgendwelche Zusätze, zu reinigen. Reste von Desinfektionsmitteln würden das Impfvirus schädigen. Längstens nach 2 Stunden sollte das virushaltige Trinkwasser von den Tieren aufgenommen sein. Der für die verschiedenen Altersstufen bekannte tägliche Trinkwasserbedarf (siehe Tabelle 13) muß daher auf die Wasseraufnahme innerhalb von 2 Stunden zurückgerechnet werden. In diese Wassermenge ist dann das auf die vorhandene Tierzahl ausgelegte Impfvirus einzurühren. Der Zusatz von Magermilchpulver (25 g je 10 Liter Wasser) stabilisiert die Impfviren. Da Bestände mit mehr als 200 Hühnern tierseuchenrechtlich ständig unter Impfschutz gegen die Newcastle-Krankheit gehalten werden müssen, sind für solche Bestände die tierärztlichen Anweisungen genauestens einzuhalten.

Impfungen sind vor allem bei Jungtierbeständen unerläßlich, wenn diese in frisch gereinigten Ställen, getrennt von Alttierbeständen gehalten werden. Solch »hygienisch« gut gemeintes und im Hinblick auf das Fernhalten von Parasiten und Bakterien auch dringend ratsames Vorgehen bringt aber bei den Virusinfektionen wegen der Unterbrechung der natürlichen Übertragungskette auch Nachteile mit sich. Gerade beim Geflügel können diese aber hervorragend mit Hilfe der Impfungen wieder ausgeglichen werden. Auf Dauer gelingt das Fernhalten verschiedener Virusarten er-

Tab. 13. Ungefährer täglicher Trinkwasserverbrauch für jeweils 100 Tiere (bei etwa 12 °C bis 15 °C Lufttemperatur)

Hühner		
1. Lebenswoche	= 1 Liter	= 1. Lebenswoche
2. bis 4. Lebenswoche	= 3 bis 5 Liter	= Zahl der Lebenswochen + 1
5. bis 12. Lebenswoche	= 7 bis 14 Liter	= Zahl der Lebenswochen + 2
ab 16. Lebenswoche	= 16 bis 20 Liter	= Zahl der Lebenswochen
ab Legetätigkeit	= 25 Liter	
Broiler sind entsprechend dem Körpergewicht höher einzustufen!		
Puten		
1. bis 3. Lebenswoche	= 3 bis 9 Liter	= Zahl der Lebenswochen mal 3
4. bis 20. Lebenswoche	= 16 bis 80 Liter	= Zahl der Lebenswochen mal 4

fahrungsgemäß nicht. Die Tiere erkranken früher oder später, wenn sie nicht durch Impfstoffe, d. h. durch abgeschwächte oder inaktivierte Viren, zur Produktion der notwendigen Abwehrstoffe angeregt worden sind.
So wird mit Hilfe verträglicher Impfstoffe kontrolliert nachgeholt, was anderenfalls die natürliche Infektkette – allerdings risikoreicher, weil unkontrolliert – zustande gebracht hätte. Einem Impfprogramm unterzogene Junghühner sind dann weit ins Legealter hinein vor Viruserkrankungen geschützt.
Bei gemeinsamer Haltung verschiedener Altersgruppen im gleichen Stall kann es zwar bei Jungtieren mit hoher Widerstandskraft zur »stillen« Durchseuchung mit den gängigen Virusinfektionen kommen, das Risiko eines Krankheitsdurchbruches bleibt aber und muß dann zusätzlich zur möglichen Parasiten- und Bakterienübertragung in Kauf genommen werden.
Auf Seite 67 ist am Beispiel der **Marekschen Krankheit** der Erfolg einer Impfung im Hinblick auf die spätere Legeleistung ersichtlich. Diese Impfung wurde im staatlichen Legeleistungsprüfhof St. Johann erstmals beim Jahrgang 1970 bei Tieren der verschiedensten Herkunft vorgenommen und hat im Vergleich zu den früheren Jahrgängen zu einem plötzlichen Anstieg der Legeleistung bei gleichzeitigem Rückgang der Verluste geführt. Bewährte Impfprogramme sind aus den Tabellen 14 und 15 zu entnehmen. In Großbetrieben werden neuerdings zugelassene Impfstoffe auch zum Schutz vor Salmonellen- und Kokzidienbefall erprobt.

Tab. 14. Impfkalender für Hühner

Legehennen		
1. Lebenstag:	Impfung gegen Mareksche Krankheit **(MD)**	Injektionsimpfung, unerläßlich
3., 8., 16. Lebenswoche:	Impfung gegen die Newcastle-Krankheit **(ND)** und Infektiöse Bronchitis **(IB)**	als Kombinationsimpfung über das Trinkwasser ratsam
	Alternativprogramm:	
	3., 8. Woche ND-Impfung (Trinkwasser)	ND-Impfung bei Beständen mit mehr als 200 Tieren vorgeschrieben
	5., 12. Woche IB-Impfung (Trinkwasser)	
	16. Woche ND-IB-Kombinationsimpfung (Trinkwasser)	
14. Lebenswoche	Impfung gegen die Aviäre Encephalomyelitis **(AE)**	Trinkwasserimpfung bei Legehennen empfehlenswert
nach Legereife	in vierteljährlichen Abständen ND-IB-Kombinationsimpfung (Trinkwasser)	
Elterntiere		
Außer den MD-, ND- und IB-Impfungen:		
5. und 18. bis 20. Lebenswoche:	Impfung gegen die Gumboro-Krankheit **(IBD)**	Trinkwasserimpfung, letzte Impfung u. U. als Injektionsimpfung
14. Lebenswoche	**AE**-Trinkwasserimpfung unerläßlich	Kontrolle des Impferfolges über Ei-Empfänglichkeitstest

Broiler
MD-Impfung erübrigt sich (Schlachtung vor Krankheitsdurchbruch)
ND-Impfung etwa 12. Lebenstag
Impfung gegen die **Gumboro**-Krankheit nach entsprechenden Seuchendurchbrüchen 7. bis 10. Tag, ND-Impfung dann etwa 14. Tag

Weitere Impfmöglichkeiten
Impfung gegen die Infektiöse Laryngotracheitis **(ILT)** nur bei drohendem Seuchenzug lohnend (Augentropfmethode)
Impfung gegen das sogenannte **Egg-Drop-Syndrom** und gegen **Geflügelpocken** nur in bestimmten Fällen erforderlich
Impfung gegen **REO**-Virusinfektionen bei Mastelterntieren in Erprobung
Die vermehrungsfähigen Impfviren werden im Trinkwasser durch 25 g Magermilchpulver je 10 Liter Wasser stabilisiert
Impfung gegen Salmonellen- und Kokzidienbefall sowie Geflügelschnupfen siehe bei den betroffenen Krankheiten

Tab. 15 Impfkalender für Puten

Puten-Nasen-Luftröhren-Entzündung
(Turkey Rhinotracheitis, TRT)

1.-7. Lebenstag:	1. Impfung
3. Woche	2. Impfung
8. Woche	3. Impfung

Mast und Zucht:
Newcastle-Krankheit (ND)
21. Tag: LaSota, doppelte Hühnerdosierung, Trinkwasser (bei Seuchengefahr 1. Impfung in erster Lebenswoche)
9. Woche: LaSota, Wiederholung
17. Woche: LaSota, in der Mast nur bei den Hähnen

Nur für Zuchttiere:
Newcastle-Krankheit (ND)
25.–26. Woche: Lebendvirus-Adsorbatimpfung, Wiederholung der Trinkwasserimpfungen in 7-wöchentlichem Abstand
Aviäre Enzephalomyelitis **(AE)**:
etwa 28. Woche
Cholera
etwa 13. und 20. Woche: inaktivierte *Pasteurella multocida*-Vakzine
Rotlauf
etwa 13. und 20. Woche: inaktivierte Rotlauf-Adsorbatvakzine
Pocken
19. bis 22. Woche: abgeschwächtes Hühnerpockenvirus

Vorbeuge bei Zukauftieren und während der Legeperiode

Die wichtigste Vorbeugemaßnahme ist stets die Kontrolle der zugekauften Jungtiere noch während einer vom übrigen Bestand getrennten Haltung und Fütterung (Quarantäne). Dazu sollten Kotproben zur parasitologischen und bakteriologischen Untersuchung und, wenn vorhanden, auch tote Tiere zur Untersuchung an ein tierärztliches Institut eingesandt werden (Begleitberichtmuster siehe Seite 49). Wird ein besonderer Befund erhoben, kann noch vor der Legereife eine spezifische tierärztliche Behandlung eingeleitet werden. War der Quarantänestall nach der Reinigung und vor der erneuten Belegung noch mit den gegen Parasiteneier wirksamen Präparaten desinfiziert und wegen der Roten Vogelmilbe mit Insektiziden ausgesprüht worden, so können bei entsprechenden Befunden möglicherweise, je nach Kaufvertrag, Regreßansprüche an den Verkäufer gestellt werden.

Auch während der Stallbelegung ist es ratsam, bei unerklärbarem Legeleistungsabfall oder bei gehäuften Todesfällen kranke oder tote Tiere untersuchen zu lassen. Wird eine tierärztliche medikamentöse Behandlung erforderlich, so ist die vom Tierarzt mitgeteilte oder aus dem Beipackzettel zu entnehmende Wartezeit bis zur Schlachtung oder bis zum erneuten Verkauf von Eiern unbedingt einzuhalten. Impfungen – gegen die Newcastle-Krankheit vorgeschrieben und gegen die Infektiöse Bronchitis ratsam – sind nach Anweisung des Tierarztes durchzuführen.

Beispiele von Behandlungsmöglichkeiten und Wartezeiten

Geflügel dient vorwiegend der Lebensmittelproduktion, entweder zur Erzeugung von Schlachtprodukten oder als Legehenne zur lebenslangen Eierproduktion. Bei jedem therapeutischen Eingreifen muß deshalb an möglicherweise bedenkliche Rückstände im späteren Lebensmittel gedacht werden. Zahlreiche Medikamente sind mit einer Wartezeit belegt, die nach Abschluß der Therapie bis zur Verwertung der Produkte als Lebensmittel eingehalten werden muß. So ist stets abzuwägen, ob ein gezielt wirksames, aber mit Wartezeit belegtes Medikament tatsächlich eingesetzt werden soll oder ob es nicht besser wäre, mit Hilfe allgemeiner Kräftigungsmittel oder durch Verbesserung der Haltungsbedingungen auf die Selbstheilungstendenz der Tiere zu vertrauen. Besonders notwendig sind deshalb gerade beim Geflügel Vorkehrungen zur Krankheitsverhütung. Eine Übersicht über die gängigsten spezifischen Behandlungsmöglichkeiten mit Angaben zu den problematischen Wartezeiten gibt Tabelle 16.

Aufgrund des Arzneimittelgesetzes dürfen apothekenpflichtige Arzneimittel vom Tierarzt nur für die von ihm behandelten Tiere und von der Apotheke nur nach Verschreibung abgegeben werden. Medikamente für Tiere, die der Gewinnung von Lebensmitteln dienen, müssen überdies für die betreffende Tierart zugelassen sein.

Tab. 16. Arzneimitteleinsatz und Wartezeiten

Darm- und Eileitererkrankungen	
Neomycin	kaum resorbierbar, nur im Darm wirksam, vorwiegend gegen *E.-coli*-Keime, Neomycin-haltige Präparate sind ohne Wartezeit für Eier im Handel, Wartezeit: (7 Tage) für Gewebe
Chloramphenicol	nur für Jungtiere mit Wartezeit von 10 Tagen für Gewebe, für Legehennen verboten!
Tetracycline	nach Antibiogramm, Wartezeit 14 Tage
Furazolidon	wegen Rückstandsproblemen in Eiern nur bei Jungtieren anwenden, Wartezeit: 15 Tage, nicht für Wassergeflügel!
Sulfaquinoxalin	bei Geflügelcholera oder Kokzidiose der Puten (Wartezeit nach Anweisung)
unspezifische Antidiarrhoica	ohne Wartezeit z. B. Fruchtfleisch des Johannisbrotbaumes + Malzkeime, Vitamine, Elektrolyte (Farostip, 1 g pro Tier und Tag)
Duracet-Emulsion	Mittel gegen Kannibalismus (zum Besprühen)
Kräftigung	Multivitaminpräparate
Atemwegserkrankungen (Trinkwasserbehandlung)	
Erythromycin	z.B. Erythromycin W, Wartezeit: Gewebe 3 Tage, Eier 10 Tage
Tylosin	z.B. Tylan sol., Wartezeit: Gewebe 5 Tage, Eier 5 Tage
Tiamulin	z.B. Tiamulin, nur Jungtiere, Wartezeit: Gewebe 3 Tage, nicht zusammen mit Monensin, nicht für Legehennen
Spectinomycin	z.B. Spectam-W., Wartezeit: Eier 0 Tage, Niere, Leber 8 Tage, restlicher Tierkörper 1 Tag
jodhaltiges Präparat (unspezifisch)	z.B. Lorasol zum Sprühen, morgens und abends, 30 ml in 10 Liter Wasser
Kokzidienbedingte Darmerkrankungen (Trinkwasserbehandlung)	
Sulfachlorpyrazin	z.B. Esb_3 im Trinkwasser mit Wartezeit: Gewebe 5, Eier 6 Tage
Amprolvet-Super	im Trinkwasser ohne Wartezeit, auch für Tauben, nicht für Wassergeflügel!
verschiedene Sulfonamid-Präparate	mit Wartezeiten von 10 bis zu 22 Tagen
nur bei Broilern, Junghühnern und Mastputen	Coccidiostatica im Futter entsprechend den futtermittelrechtlichen Bestimmungen mit Wartezeiten (3 bis 9 Tage!) Zoalen und Amprolium für Wassergeflügel ungeeignet
Schwarzkopfkrankheit (Typhlohepatitis) der Puten	
Ronidazol	z.B. Duodegran, 30g-Beutel für 50 Liter Wasser 7 Tage lang, Gewebe 7 Tage Wartezeit oder nach Futtermittelrecht im Futter, Wartezeit 7 Tage
Dimetridazol	verschiedene Firmenpräparate im Wasser oder nach Futtermittelrecht im Futter, jeweils mit 7 Tagen Wartezeit
Ektoparasiten	
Phosphorsäureester-Präparate	Präparate sind abends außerhalb der Legezeit anzuwenden, z.B. Neguvon 0,15 %ig sprühen, keine Wartezeit für Eier, Gewebe 1 Tag; Lysozid-Präparate und ähnliche

16 (Fortsetzung)

Wurmbefall		
Piperazincitrat	im Trinkwasser	Spulwurmbefall, Wartezeit: Gewebe 36 Stunden, nicht für Legehennen!
Banminth	im Trinkwasser	Haarwurmbefall, nach Umwidmung (für Nutzgeflügel nicht zugelassen!)
Concurat-L	im Trinkwasser	Spul- und Haarwürmer, Wartezeit: Gewebe 7, Eier 9 Tage
Cambendazol	im Futter	Spul- und Haarwurmbefall („Universalentwurmer"), 5 kg/t = 50 g in 10 kg Futter, 5 Tage lang ausgewachsene Junghennen, Wartezeit: Gewebe 21 Tage!
Flubenol	im Futter	Wurmbekämpfung nur nach Einmischung im Futter, Wartezeit: Eier und Gewebe 0 Tage
Mansonil	im Futter	Bandwürmer, nur für Ziergeflügel nur nach Umwidmung!
Vitamin A	im Trinkwasser	zur zusätzlichen Kräftigung

Küken- und Junggeflügelkrankheiten

Persistierender Dottersack

(Verzögerte Dottersackrückbildung)

Ein gut kirschgroßer Dottersack mit eingedicktem Inhalt fällt häufig bei Frühverlusten während der ersten Lebenswoche auf. Die Küken sterben an Lebensschwäche und zeigen äußerlich einen verklebten, verkrusteten Kloakenausgang. Die Leber ist hell-ockerfarben, in den Nieren liegen meist gipsig-weiße Ablagerungen von Harnsäure und harnsauren Salzen. Verschiedene Ursachen können Frühverluste auslösen: Vitaminmangel der Elterntiere, verzögerter Schlupf infolge fehlerhafter Bruttemperaturen oder ungenügender Luftfeuchtigkeit und unzureichender Frischluftzufuhr im Brutapparat. Außerdem kommen schwächende Einwirkungen beim Transport oder mangelhafte Stallvorbereitung vor dem Einsetzen der Küken in Frage.

Der persistierende Dottersack führt zu Frühverlusten.

Als Käufer von möglichst schon in der Brüterei gegen die Mareksche Krankheit geimpften Küken ist Vorsorge zu treffen, daß die Kükenglucken im gereinigten und desinfizierten Stall bereits am Tag vor dem Einsetzen der Tiere beheizt werden. Küken benötigen in ihrem Aufenthaltsbereich in der ersten Woche eine Temperatur von 32 °C, die dann je Woche um 2 °C bis zu etwa 20 °C in der 5. bis 8. Woche gesenkt werden kann.
Zur Förderung der notwendigen Resorption des vitaminreichen Dottersackinhaltes erfolgt die Kükenfütterung erst 48 Stunden nach dem Schlupf. Verendete Küken sind zweimal täglich zu entfernen.

Bakterienbedingte Frühinfektionen

(Bakteriämien, Septikämien, Blutvergiftung)

Bakterien bedrohen Küken aus Natur- und Kunstbrut. Je größer die Nachzucht ist, desto leichter breiten sich die Keime in der gesamten Herde aus. Die Krankheitserreger können bereits von den Muttertieren mitgegeben worden sein (siehe Seite 51) oder stammen bei mangelhafter Aufzuchthygiene aus der Umgebung. Gefahr droht vor allem von gleichzeitig in einer Herde gehaltenen Alttieren. Haltungsbedingte Einwirkungen wie Zugluft oder nicht optimale Stalltemperaturen fördern die Auffälligkeit und die Vermehrung der Erreger im Tier. Von den speziellen Krankheitserregern sind die nach dem amerikanischen Bakteriologen Daniel E. SALMON benannten **Salmonellen** besonders gefürchtet. **Mykoplasmen** führen meist

Eine kotverschmutzte Kloake weist auf eine Darmerkrankung hin.

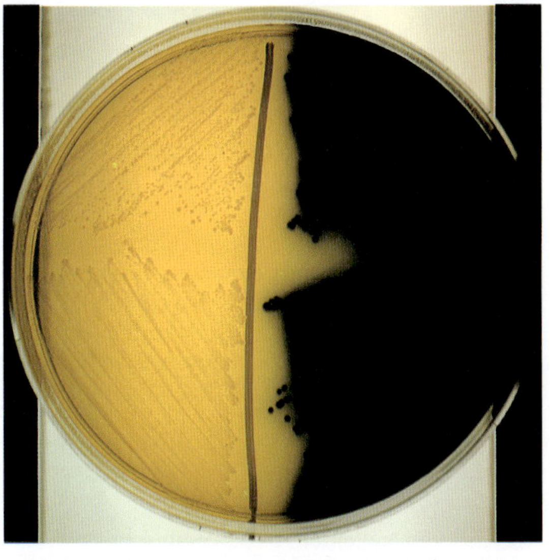

Wasserblau-Metachromgelb-Indikator-Nährboden sind ursprünglich grün. Linke Seite: eine durch die Eiweißverdauung der Salmonella-Keime ausgelöste Alkalibildung führt zu einer Gelbfärbung. Rechte Seite: durch den Abbau von Kohlenhydraten, der Lieblingsspeise der Escherichia-coli-Bakterien, kommt es zur Säurebildung, der Nährboden färbt sich tiefblau.

erst im Zusammenspiel mit Virusinfektionen und dem Darmbakterium *Escherichia coli* zu Erkrankungen der Atemwege und des Darmes. Hauptsächlich nach der Infektion eines verzögert abheilenden **Nabels** kommt es durch die allgegenwärtigen **Coli-Keime** wie auch durch **Staphylokokken** und **Pseudomonaden** zur Bakteriämie und so zur Blutvergiftung und zum Tod.
Zur genauen Diagnose ist eine bakteriologische Untersuchung erforderlich. Nach dem Ausstrich verdächtiger Proben auf speziellen Milchzucker- und pH-Indikatorhaltigen Agarnährböden lassen sich Kulturen der eiweißverzehrenden Salmonellen und der sich lieber von Milchzucker ernährenden *E.-Coli*-Keime an der **Alkali-** oder **Milchsäurebildung** schon grob erkennen (siehe untere Abbildung.

Weiße Kükenruhr

(*Salmonella-gallinarum-pullorum*-Infektion)

Die Weiße Kükenruhr hat nach Einführung der Kunstbrut infolge der Erregerübertragung im Brutapparat zunächst zu hohen Verlusten geführt. Mit Hilfe der daraufhin gegründeten Geflügelgesundheitsdienste wurden aber infizierte Zuchttiere des Wirtschaftsgeflügels nahezu ausgemerzt. Erregertragende Wildvögel bedrohen vor allem noch die kleinen Rassehühnerhaltungen.
Die *Salmonella*-Infektion führt bei Küken zu dünnflüssigem, mit Harnsäure durchsetztem weißlichem Kot, was der Krankheit den Namen gegeben hat. Treten Gewebsnekrosen in den Lungen auf, zeigt sich Atemnot. Da der Erreger im Kot ausgeschieden wird, gelangt er durch Aufpicken schnell in den Magen-Darm-Kanal weiterer Küken, schon im Brutapparat aber auch über brut- oder kotstaubhaltige Luft in die Atemwege (siehe Abb. Seite 60). Überleben die Küken, so ist damit zu rechnen, daß eine mehr oder weniger große Anzahl der Tiere Bakterienträger und Dauerausscheider bleibt.
Bei erkrankten Küken wird die Diagnose durch die bakteriologische Untersuchung von Kot oder Organen gestellt. Bakterienträger können durch eine Blutuntersuchung (Frischblutschnellagglutination oder Serumuntersuchung) ermittelt werden

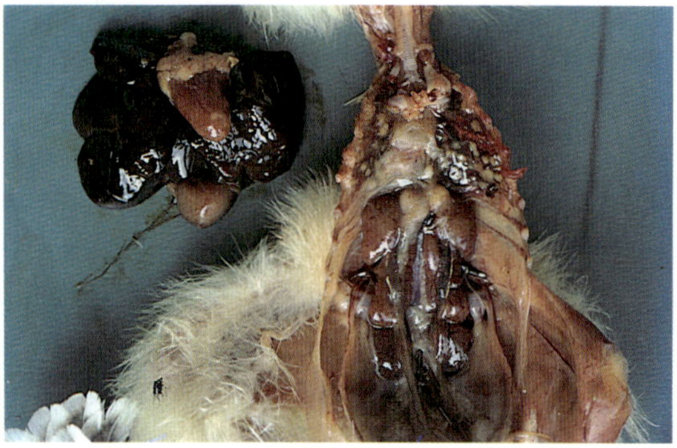

Weiße Kükenruhr beim geöffneten Küken. Die Nekroseherde in den Lungen und die Milzschwellung (unter der rechts liegenden Leber) sind deutlich zu sehen.

Antibiogramm. Die Zacken des auf dem mit Bakterien belegten Nährboden aufgebrachten Papiersternes sind mit unterschiedlichen Antibiotika getränkt.

(siehe Seite 88). Neuerdings sind weitere Salmonellentypen in den Vordergrund gerückt, vor allem die schon im Jahre 1888 entdeckte *Salmonella enteritidis,* die nach Vermehrung in unsachgemäß zubereiteten und gelagerten Lebensmitteln beim Menschen Brechdurchfall auslösen kann (siehe Seite 87).

Treten nur vereinzelt Erkrankungen auf oder liegt lediglich Salmonellenbefall ohne auffallende Krankheitserscheinungen vor, kann zunächst abgewartet werden, ob die Salmonellen von den Tieren selbst wieder zurückgedrängt werden (siehe untenstehende Abbildung). Bei gehäuft auftretenden Erkrankungen hilft aber nur eine antibiotische Behandlung nach tierärztlicher Anweisung, am besten nach Testung der Bakterien im Antibiogramm zum Nachweis des wirksamsten Präparates (siehe obenstehende Abbildung). Vitamin- und Mineralsalzgaben erhöhen die Widerstandskraft der Küken. Um dem Festhaften der Keime im Magen-Darm-Kanal vorzubeugen, darf die Verabreichung von Quarzsand bereits an Küken nicht versäumt werden (siehe Seite 61).

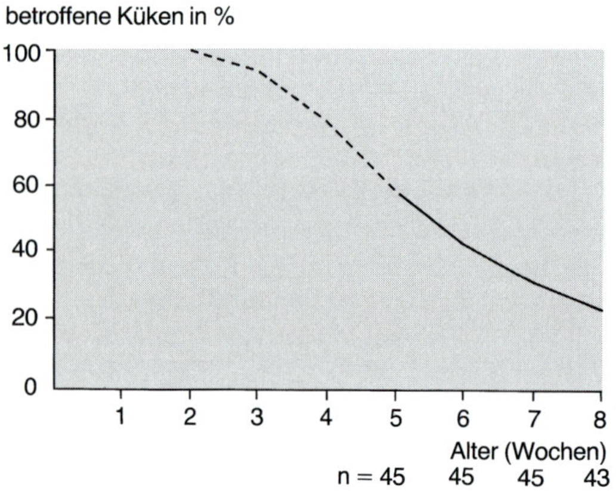

Das Diagramm zeigt den Verlauf einer Salmonelleninfektion in der Junggeflügelmast.

Rachitis der Küken

Unter Rachitis versteht man die unzureichende oder verzögerte Einlagerung von phosphorsaurem Kalk in die jugendlichen Knochen. Bei Vögeln erfolgt die Kalkeinlagerung zur Festigung der Knochen, sogar der Rippen des Brustkorbs, sehr frühzeitig. Sind die Rippen beim gehbehinderten Küken noch biegsam, so liegt Rachitis vor. Bei unzureichender Verknöcherung sind den Küken Mineralsalzgemische hauptsächlich mit Kalziumphosphat- und Vitamin-D_3-Zusätzen anzubieten. Auf genügende Vitaminzufuhr ist schon bei den Elterntieren zu achten. In den ersten 14 Lebenstagen ist die Resorption der im Starterfutter angebotenen Vitamine noch unbefriedigend.

Perosis der Junghühner

Als Perosis wird das Abgleiten der Zehenbeugesehne vom deformierten Sprunggelenk, dem Fersenhöcker, bezeichnet. Das Leiden wird bei Hühner- und Putenküken ab der dritten Lebenswoche beobachtet und ist vorwiegend erbbedingt. Die Tiere rutschen schließlich auf dem Fersenhöcker, das Sprunggelenk infiziert und entzündet sich, so daß Futtertrog und Trinkwasser nur noch mit Mühe oder gar nicht mehr erreicht werden können. Die Küken würden verhungern, wenn sie nicht, was schon aus Gründen des Tierschutzes erforderlich ist, bald getötet werden. Vorbeugend kann versucht werden, durch Mineralsalz- und Vitamin-D_3-Gaben eine frühzeitige Festigung der Gelenkknochen zu erreichen.

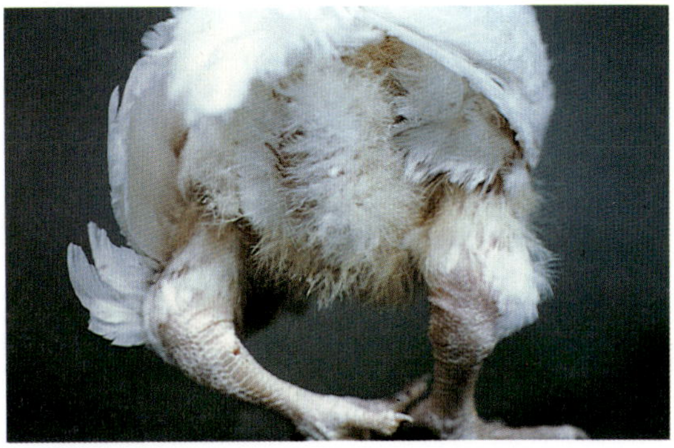

Ein an Perosis (= Abrutschen der Achillessehne vom Sprunggelenk) erkranktes Küken.

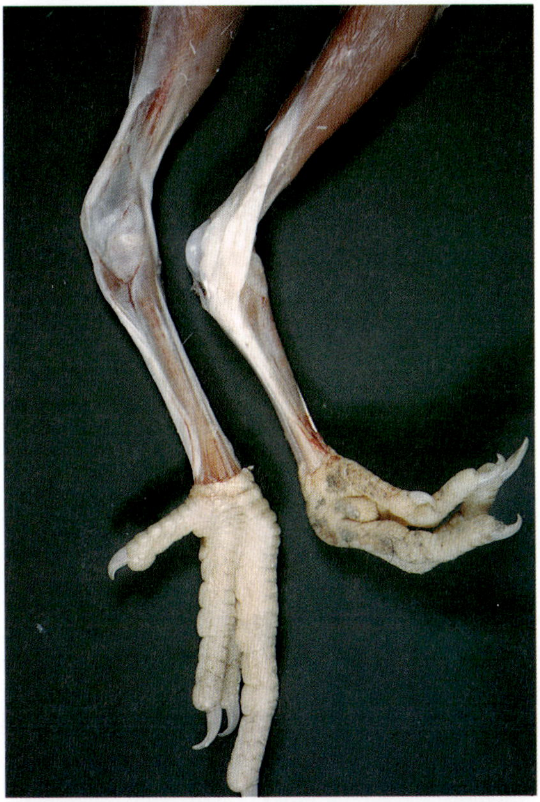

Dieses Bild zeigt die freigelegte Sehne eines Persosis-Kükens.

Quarzsandmangel und Magenverstopfung

Bei Aufzucht auf Stroheinstreu oder bei Haltung von Junghühnern in ungepflegten Ausläufen kommt es bei gleichzeitig fehlendem Quarzsandangebot zu unzureichender Zermahlung der Futterbestandteile im Muskelmagen, oft sogar zur Entstehung verfilzter Pflanzenfaserknäuel und damit zur Verstopfung des Magenausgangs. Zunächst treten Verdauungsstörungen im ganzen Darmbereich auf, und letztlich verhungern die Tiere trotz Futterangebot.
Wenn nur Futtermehle verabreicht werden, kann sich Steinchenmangel im Muskelmagen bei hohem Keimgehalt des Futters nachteilig auswirken.

Muskelmagenverstopfung infolge Steinchenmangels kann leider oft beobachtet werden.

Quarz- bzw. Granitgrit für Küken, rechts für ältere Tiere.

Die von den Vormagendrüsen produzierte Salzsäure übt dann ihre Funktion zur Keimabtötung und zur Einleitung der Eiweißverdauung nur ungenügend aus. Eine gründliche Durchmischung der Nahrungsbestandteile mit der Salzsäure bleibt aus. Gefährlich wird es, wenn aufgenommene Krankheitskeime, wie die säureempfindlichen Salmonellen, ohne Kontakt mit der Salzsäure den Muskelmagen passieren. In den ersten Lebenswochen aufgenommene Salmonellen setzen sich dann in den Blinddärmen fest. So entstehen Salmonellenträger und -ausscheider. In den Lagerhäusern der landwirtschaftlichen Genossenschaften werden verschiedene Quarzsandgrößen für Küken und ältere Tiere angeboten. Kalkgrit wird durch die Salzsäure aufgelöst und hilft nicht. Weichholzspäne als Einstreu führen seltener zur Muskelmagenverstopfung als Stroheinstreu.

Herztod und Lungenödem bei Jungmastgeflügel

Ab der zweiten Mastwoche mit Höhepunkt in der vierten Woche können in der Junggeflügelmast plötzliche Todesfälle, und zwar gerade bei sonst gesunden, kräftig entwickelten Tieren beobachtet werden. Infolge ungenügender Leistung des linken Herzens kommt es zum Lungenödem, zur Blutstauung und zum Flüssigkeitsaustritt in den Lungen. Wenn das Vorkommnis auch weitgehend anlagebedingt ist, scheint das gehäufte Auftreten doch vorwiegend nach intensiver Fütterung und Sauerstoffmangel im unzureichend mit Frischluft versorgten Maststall aufzutreten. Deshalb darf die Beheizung aus Spargründen nicht allein mit einer Luftumwälzung ohne Zufuhr von Außenluft betrieben werden. Der Sauerstoffgehalt der Luft kann sonst von 21 % bis zu etwa 17 % abfallen.

Zur Verringerung der Herzbelastung sollte Mastgeflügel nicht zu kalorienreich ernährt werden. Durch Verabreichung eines Vitamin-E-Präparates kann eine Regulierung des Stoffwechsels und damit eine Verminderung des Herzmuskelschadens versucht werden.

Zu den Todesfällen infolge Kohlensäureanreicherung innerhalb der Kükenringe siehe Seite 98.

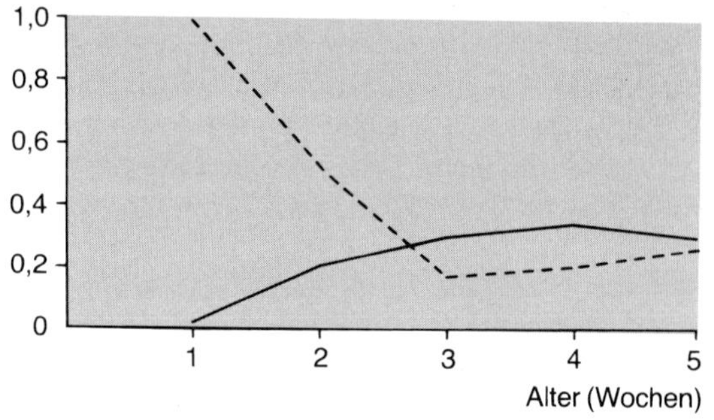

Durchschnittliche Verluste in der Junggeflügelmast:
—— = Herztote, ---- = sonstige Frühverluste
(n = 78 744 Tiere).

Brustblasen bei Mastgeflügel

Bei überwiegend sitzenden, schweren Hühnermastküken oder in der Putenmast fallen nach der Schlachtung immer wieder Tiere mit eitrig entzündetem oder mit seröser Flüssigkeit gefülltem Schleimbeutel unter dem Brustbein auf. Der Schlachtwert der Tiere ist gemindert, da die veränderten Teile entfernt werden müssen. Die Entzündungsprozesse werden durch Verletzungen und anschließende Infektionen beim Sitzen auf verhärteter Einstreu oder scharfkantigen, unsauberen Sitzstangen ausgelöst. Ausreichender Bewe-

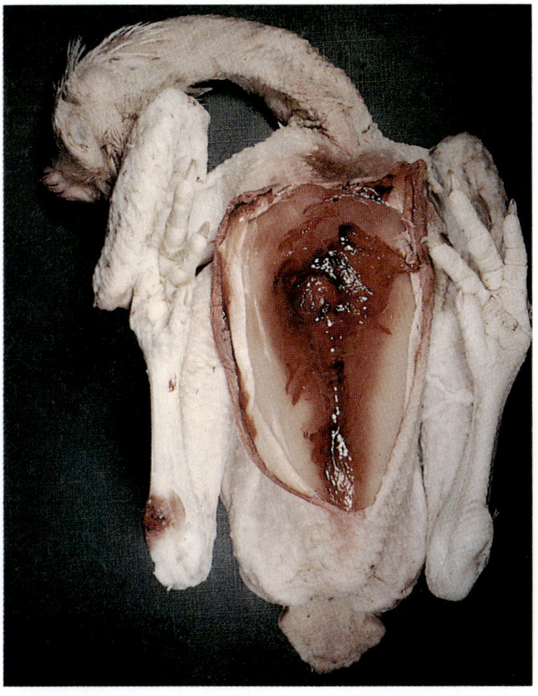

Typische Brustblase (Schleimbeutelentzündung) beim Mastgeflügel.

gungsspielraum auf weicher Einstreu beugt dem Auftreten dieser Erkrankung vor.

Darmerkrankungen, dünnflüssiger Kot

Unspezifische Darmerkrankungen treten immer wieder nach einer Futterumstellung oder nach dem Umsetzen in einen anderen Stall auf. Jede Futterlieferung weist je nach Herkunft der einzelnen Futterbestandteile einen unterschiedlichen Keimgehalt auf. Üblicherweise werden in 1 g Futter etwa 1 Million Bakterien und 10000 Pilzkeime gefunden. Es handelt sich dabei – sofern keine Salmonellen oder *Escherichia coli*-Bakterien darunter sind – meist um harmlose Keime. Der Wechsel von der Bakterienflora der einen Futterlieferung auf die Flora der nächsten oder das längere Lagern von Fertigfuttermischungen, besonders in feuchter Umgebung, kann aber doch zu einer mehr oder weniger lang anhaltenden **Verdauungsstörung** und zu dünnflüssigem Kot, bei Legehennen zu einem Legeleistungsabfall führen. Das Gleichgewicht der normalerweise im Darm lebenden und nützlichen, teils Kohlenhydrate, teils Eiweißsubstanzen verzehrenden Keime wird gestört (siehe Seite 59).

Auch die in jedem Geflügeldarm stets vorkommenden anaerob, d. h. unter Abwesenheit von Luftsauerstoff wachsenden Clostridien *(Clostridium perfringens)* können sich plötzlich im Übermaß vermehren und andere Bakterien verdrängen. Es zeigt sich eine nekrotisierende Darmentzündung mit Fibrinbelägen auf der Darmschleimhaut, auch **Darmbrand** genannt. Gelangen diese im Hühnerdarm lebenden Clostridien in offene Wunden beim Menschen, so können sie dort, wenn die Wunde unter Luftabschluß steht, zum **Gasbrand** führen.

Clostridium botulinum, beim Geflügel meist Typ C, löst bei Mastgeflügel nach Aufnahme von befallenem, feuchtwarmem Futter oder betroffener Einstreu und bei Enten durch Gründeln in warmen, stehenden und sauerstoffarmen Gewässern durch das **Botulismus-Toxin** eine Vergiftung mit Muskellähmungen und dünnflüssigem Kot aus.

Zur Ausheilung jeder Darmerkrankung genügt meistens bereits die Umstellung auf eine neue Futterlieferung. Futter aus der nächsten Futtercharge bringt wieder eine andersartig zusammengesetzte Bakterien- und Pilzflora mit, was sich in der Regel schon günstig auf die gestörte Darmflora auswirkt. Wurde seit längerer Zeit kein Quarzsand angeboten oder sind im Auslauf bereits alle Steinchen aufgepickt, so hilft oft eine Quarzsandgabe die Muskelmagenarbeit zu verbessern und damit die Verdauung zu fördern.

Nur bei schweren Erkrankungen durch spezifische Erreger sollte an eine antibiotische Behandlung oder eine Darmparasitenbekämpfung nach tierärztlicher Anweisung gedacht werden. Dabei sind wegen etwa verbleibender Rückstände die vorgeschriebenen Wartezeiten bis zur Wiederverwendung der Eier oder Schlachtkörper unbedingt einzuhalten. Eine Kotuntersuchung mit Antibiogramm im Laboratorium lohnt sich, weil dann das geeignetste Präparat ausgewählt werden kann und

deshalb nur kurzfristig eingesetzt werden muß. Da bei geschädigter Darmschleimhaut eine gestörte Resorption vorliegt, ist der Vitamin- und Mineralhaushalt bei ausklingender Erkrankung wieder aufzufüllen. Die blassen Eidotter verschwinden dann schnell, mit steigender Legeleistung wird wieder die gewohnte gelbe Farbe erreicht.
Neu geliefertes Futter sollte möglichst trocken und nicht länger als 14 Tage gelagert werden. Tränkanlagen sind frei von Verunreinigungen zu halten, so daß ständig frisches und sauberes Trinkwasser zur Verfügung steht. Frisch gedroschene Getreidekörner sollten nicht sofort verfüttert werden.
Die bei Menschen und vielen Tieren, auch beim Geflügel, weit verbreiteten *Campylobacter-jejuni*-Keime – sehr dünne, gekrümmte Darmbakterien – spielen beim Geflügel als Krankheitserreger praktisch keine Rolle, werden jedoch aus lebensmittelhygienischer Sicht diskutiert. Eine vertikale Übertragung über das Brutei erfolgt nicht. In der Humanmedizin werden diese Keime neuerdings *Heliocobacter jejuni* genannt.

Kahle und entzündete Hautstellen auf dem Rücken sind eine Folge des Federpickens.

Federpicken, Kannibalismus

Vor allem bei trockenem und warmem Stallklima und in Ställen, die durch intensive Sonneneinstrahlung aufgeheizt werden, neigt das Geflügel dazu, sich selbst und andere anzupicken. Offensichtlich regt eine starke Austrocknung der Haut die Tiere zum Picken an. Schließlich wird das Picken zur Gewohnheit und zur Untugend. Kommt es zu Blutungen, wird vor allem im Bereich der Kloake bis zum Kannibalismus weitergepickt und schließlich sogar der Zwölffingerdarm des Nachbartieres durch die Kloake nach außen gezogen (siehe auch Seite 95).
Ein Abgewöhnen dieser Untugend ist außerordentlich schwierig. Tierarzt oder Apotheke bieten bittere Sprühlösungen an; früher wurde mit Holzteer gepinselt. Auch ein Abdunkeln des Stalles oder Rotlicht kann versucht werden; wenigstens 60 % relative Luftfeuchtigkeit ist anzustreben. Ein Kürzen des Oberschnabels verhindert das Federpicken, aufgrund des Tierschutzgesetzes ist aber lediglich das Kürzen der Hornteile erlaubt. In der Putenmast ist das Kürzen des Oberschnabels mit Hilfe eines Laserstrahles in der Regel nicht vermeidbar. Beim Zehenpicken sind reichlich Hobelspäne einzustreuen, so daß die Zehen in der Einstreu untertauchen. Auf vitamin- und mineralsalzreiche Ernährung muß unbedingt geachtet werden.

Schimmelpilzerkrankung
(Aspergillose)

Der anatomische Körperbau des Geflügels mit den an die Lungen anschließenden Luftsäcken bietet sich für die Ansiedlung von Schimmelpilzen geradezu an. Aus feucht gewordener, verschimmelter Einstreu oder aus überständigem, feucht gelagertem Futter werden die Pilzsporen eingeatmet und siedeln sich in Lungen und Luftsäcken an. Eine Behandlung der ausgeprägten, eitrig-abszedierenden und nekrotischen Veränderungen ist nicht möglich. Zur Vorbeugung hilft die allgemeine Stall- und Fütterungshygiene. Bei entsprechenden Vorkommnissen sind Einstreu und Futter zu wechseln (siehe Seite 63).

Virus- und mykoplasmenbedingte Krankheiten der Junghühner

Ansteckende Gehirn-Rückenmarks-Entzündung

(Aviäre Encephalomyelitis, AE, Zitterkrankheit)

Hier handelt es sich um eine typische Jungtier-Virusinfektion, die nur bei solchen Küken zum Durchbruch kommt, die keine Schutzstoffe vom Muttertier mitbekommen haben,weil schon bei den Elterntieren die Infektkette infolge einer isolierten Jungtieraufzucht abgerissen ist. Eine Infektion von voll empfänglichen Hühnern in höherem Alter führt lediglich zu einem vorübergehenden Legeleistungsabfall (siehe Seite 29). Die Krankheit ist überhaupt erst nach Einführung der isolierten Aufzucht der Elterntiere bekannt geworden.
Der Erreger, das weit verbreitete, kleine unbehüllte, widerstandsfähige Virus der Aviären Encephalomyelitis, gehört zur Familie der **Darmviren,** wie beispielsweise auch das Virus der Kinderlähmung (Poliomyelitis). Die Übertragung der sehr widerstandsfähigen Virusteilchen erfolgt über Kotstaub und führt primär zu einer Darminfektion. Bei Abwehrschwäche wandert das Virus auf dem Blutweg weiter und es kommt zur nicht-eitrigen Gehirnentzündung mit unheilbarer Schädigung der Nervenzellen. Das zeigt sich dann in einer gestörten Motorik der Küken, sie liegen auf der Seite und zittern, was auch zur Bezeichnung »Zitterkrankheit« geführt hat. Durch virologische Laboruntersuchungen kann die Diagnose bestätigt werden. Lediglich die Impfung der Elterntiere spätestens 3 Wochen vor dem Sammeln der Bruteier schützt die Küken sicher vor einer Erkrankung (siehe Seite 54). Die Parallelen der AE zur Kinderlähmung sind deutlich, auch dort hat die zunehmende Hygiene eine Impfung gegen die »Zivilisationskrankheit« Poliomyelitis erforderlich gemacht.

An aviärer Enzephalomyelitis erkrankte Küken zeigen eine gestörte Motorik.

Gumboro-Krankheit

(Infectious Bursal Disease, ansteckende Bursaerkrankung , IBD)

Auch das kleine, unbehüllte Virus der IBD ist allgemein verbreitet und überlebt monatelang in einem leeren, ungenügend desinfizierten Stall. Ab der dritten Lebenswoche bis ins Junghühneralter können bei empfänglichen Tieren Erkrankungen beobachtet werden. Ältere Hühner zeigen wie bei der AE keine auffallenden Krankheitserscheinungen. Die Bezeichnung **Gumboro** wurde von dem Namen einer kleinen Stadt auf der Delmarva-Halbinsel der USA, südlich von New Jersey, abgeleitet, wo die Krankheit bei Masthühnern zuerst beobachtet wurde. Die Jungtiere zeigen 3 bis 4 Tage nach der Infektion Durchfall mit starkem Wasserverlust. Bei der Zerlegung fallen die Harnsäureablagerungen in den Nieren und die stark vergrößerte, über der Kloake liegende Bursa Fabricii auf. Die Ausfälle können bis zu etwa 20 % ansteigen. Gefürchtet bei den überlebenden Tieren ist die Schädigung der Bursa Fabricii. In diesem lymphatischen Organ erfolgt die Umwandlung der Lymphozyten – der kleinen runden weißen Blutkörperchen – zu Plasmazellen (B-Lymphozyten). Von Krankheitserregern stimuliert, stoßen diese Zellen Schutzstoffe, die sogenannten Antikörper, ins Blut ab. Die IBD kann daher zu einer Immunschwäche und damit zu einer späteren Anfälligkeit für die verschiedensten Infektionskrankheiten führen.

Da das Krankheitsbild der Kokzidiose ähnelt, ist eine Labordiagnose ratsam. Mit der Erkrankung infolge eines Befalls des Darmes mit den einzelligen, zu den Parasiten zählenden Kokzidien muß bei der Bodenhaltung überdies im Anschluß an die Gumboro-Durchseuchung gerechnet werden. Die Tiere sind in ihrer Abwehr geschwächt, und die im Futtermittel etwa enthaltenen Zusätze gegen die Kokzidien (Kokzidiostatika) bleiben ohne Wirkung, weil die Futteraufnahme einige Tage lang nahezu ausgeblieben ist. Mehrere parasitologische Kotuntersuchungen sind also erforderlich, um notfalls noch eine gegen die Parasiten gerichtete Trinkwasserbehandlung einzuleiten.

Jedenfalls sollte, wie bei der aviären Encephalomyelitis, auf die **Impfung** der Elterntiere nicht verzichtet werden (siehe Seite 54). Ist in einem Jung-

Gumboro-Krankheit. Die geschwächten Junghühner fallen durch ihr gesträubtes Gefieder auf.

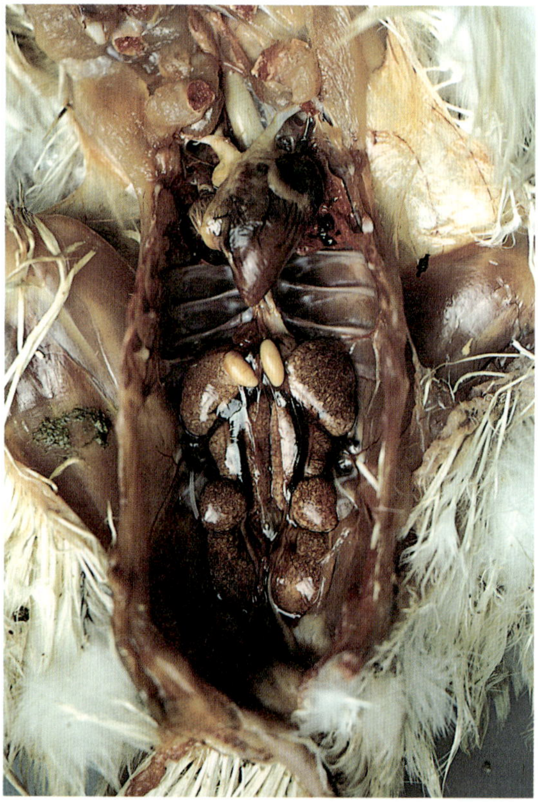

Harnsäureablagerungen in den Nieren (rechts und links der Wirbelsäule anliegend, zwischen den Kopfenden der Nieren die noch unterentwickelten Hoden) bei einem an der Gumboro-Krankheit gestorbenen Hähnchen.

tierbestand einmal die Gumboro-Krankheit aufgetreten, bleibt keine andere Wahl als die nachfolgend eingestallten Küken zwischen dem siebten und zehnten Lebenstag zu impfen. Bei dem gegen Umwelteinflüsse außerordentlich widerstandsfähigen Virus muß auch nach Reinigungs- und Desinfektionsmaßnahmen mit einem Überleben des Erregers im Stallbereich gerechnet werden. Die Stalldesinfektion ist nach der »DVG-Liste Tierhaltung« auszurichten, und zwar entsprechend den in Spalte 7a für unbehüllte Viren gegebenen Hinweisen (siehe Seite 119).

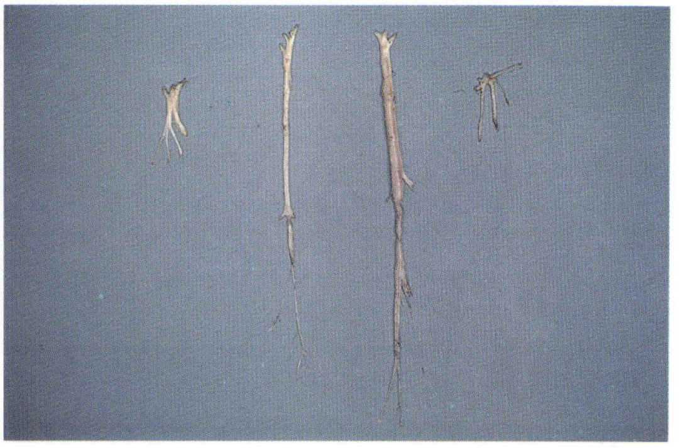

Von der Marekschen Krankheit betroffene Nerven, zwei Achselgeflechte und zwei Hüftnerven (Ischiadikus-Nerven), jeweils einmal befallen (sichtbar verdickt) und einmal ohne sichtbare Veränderungen.

Mareksche Krankheit

(Marek's Disease, MD, Neurolymphomatose, Hühnerlähmung)

Schon im Jahre 1907 wurde das Krankheitsbild der Hühnerlähmung von dem ungarischen Tierarzt MAREK beschrieben. Das die Krankheit auslösende behüllte **Hühnerherpesvirus** überlebt im Stallstaub über 4 Monate lang und ist deshalb überall anzutreffen, wo es Hühner gibt. In den Stallstaub gelangt das Virus über abgeschuppte Hautteile, da es sich vor allem im Bereich der Federkiele vermehrt. Somit kommen Küken oder Junghühner erfahrungsgemäß irgendwann in Kontakt mit dem Virus, obwohl sie es nicht über das Brutei mitbekommen haben. Auch Schutzstoffe der Muttertiere können auf Dauer nicht schützen, so daß hier die Vorbeugungsmaßnahmen (Impfungen) stets erst bei den Küken eingeleitet werden können. Das Virus führt zu einer Anhäufung der kleinen weißen Blutkörperchen (Lymphozyten) zwischen den

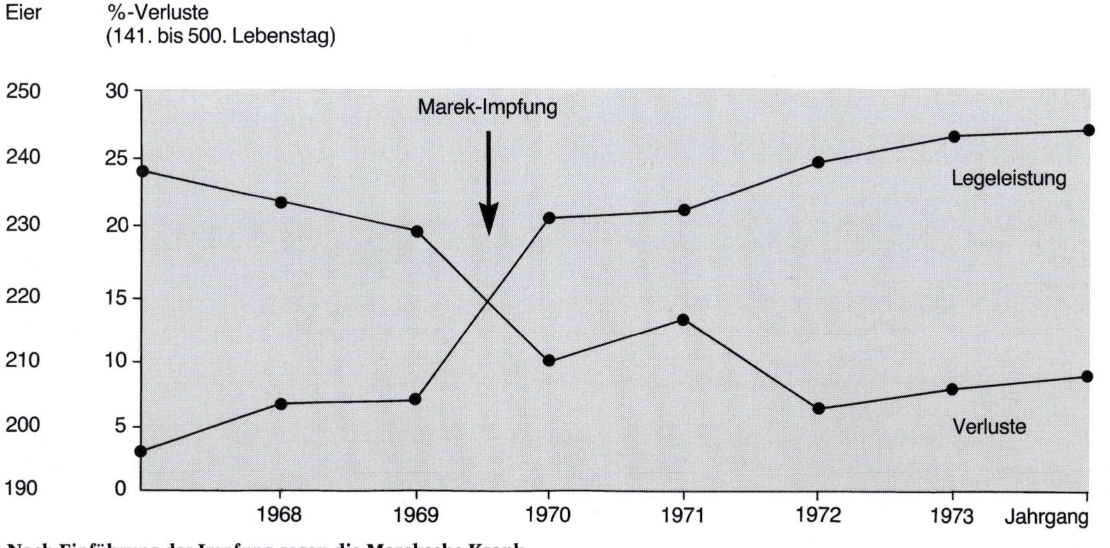

Nach Einführung der Impfung gegen die Mareksche Krankheit kam es zu einem deutlichen Rückgang der Verluste.

Nervenfasern, was zu den Lähmungserscheinungen führt. Bei hoher Anfälligkeit kommt es auch zur Wucherung der Lymphozyten in bestimmten inneren Organen, vor allem zu Geschwulstbildungen im noch nicht ausgereiften Eierstock und im Drüsenmagen (**akute Mareksche Krankheit,** viszerale Form der Marekschen Krankheit). Am lebenden Tier ist neben den Lähmungserscheinungen der Bein- und Flügelmuskulatur gelegentlich auch eine Pupillenverzerrung infolge einer Schädigung der Augennerven zu sehen.

Außerdem wird von der Infektion die Thymusdrüse (Bries) betroffen. Weil die Funktionsfähigkeit des Thymus aber für die Ausbildung der an die T-Lymphozyten gebundenen Immunität erforderlich ist, begünstigt die Infektion mit dem Virus der MD, ähnlich wie die Infektion mit dem Gumboro-Virus ganz erheblich die allgemeine Infektionsanfälligkeit.

Verluste treten hauptsächlich ab der achten Lebenswoche bis zur Legereife auf. Bevor ein Impfstoff zur Verfügung stand, wurden in Aufzuchtanlagen bis zu 30 % Todesfälle beobachtet (siehe Abbildung Seite 67).

Mareksche Krankheit bei einem Junghuhn: Flügel und Beckengliedmaßen sind gelähmt.

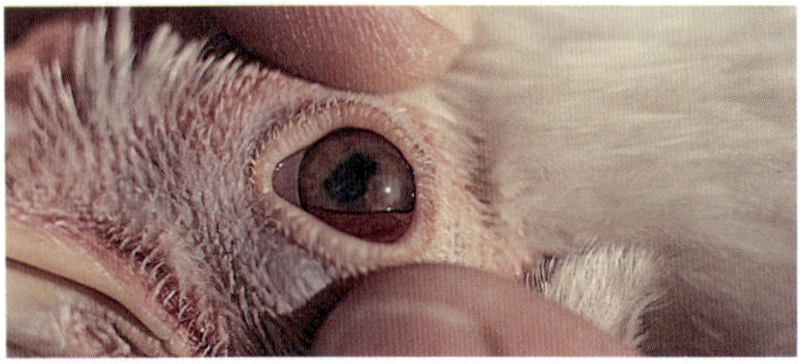

Typische Pupillenverzerrung bei der Marekschen Krankheit.

Da die Viruskrankheit nicht heilbar ist, bleibt zur Vorbeuge nur die Injektionsimpfung der Eintagsküken mit tiefgekühlten oder im gefrorenen Zustand getrockneten Putenherpes- oder abgeschwächten Hühnermarek-Viren (siehe Seite 54). Bei Mastküken erübrigt sich die Impfung, sofern sie nicht erst nach der etwa sechsten Lebenswoche geschlachtet werden. Bis zu dieser Zeit beeinflußt die Infektion nur selten die Entwicklung der Tiere.

Beim **Zukauf** der üblicherweise bereits in der Brüterei geimpften Küken ist aber zu beachten, daß sich die Tiere nicht schon innerhalb der ersten Lebenswoche, vor Ausbildung einer Immunität, infizieren. Es müssen also Stall, Luftschächte, Nebenräume und Geräte gründlichst gereinigt und desinfiziert sein, vor allem Bereiche mit Staubresten dürfen nicht übrig bleiben. In der Zeit vor Verfügbarkeit des Impfstoffes wurde in Betrieben mit Bodenhaltung allerdings versucht, die Küken sofort auf Altstreu oder in Kontakt mit älteren Tieren zu bringen. Diesem Vorgehen lag der Gedanke zugrunde, die Infektion wenigstens noch unter einem gewissen Schutz durch Antikörper der Mutterhenne oder in Gegenwart möglicherweise antagonistisch wirkender Viren ablaufen zu lassen. Eine gewisse Reduktion der Verluste wurde erzielt, wenn dabei auch die Gefahr der Frühinfektion mit Parasiten, hauptsächlich mit Kokzidien, in Kauf genommen werden mußte.

Infektiöse Bronchitis des Huhnes (IB)

Als virologische Untersuchungen möglich waren, wurde bekannt, daß das Virus der infektiösen Bronchitis weltweit verbreitet und ein Freihalten der Bestände vom Virus kaum möglich ist. Obwohl der Erreger als behülltes Virus in der Umwelt in kurzer Zeit zugrunde geht, wird er über staubhaltige Luft oder über zugekaufte Tiere doch sehr leicht von Stall zu Stall getragen. Trotz den häufig vorkommenden Infektionen kommt es nicht regelmäßig zum erkennbaren Krankheitsdurchbruch. Am anfälligsten sind Küken und Junghühner, bei denen das Virus tatsächlich die namensgebende Bronchitis auslösen kann, verbunden mit

Die Schnabelatmung ist ein typisches Symptom bei Erkrankungen der Atemwege.

hörbarem Niesen und gleichzeitigem Kopfschütteln sowie mit Schnabelatmung und klagenden, singenden Atemgeräuschen. Der klagende Ton wird vom erkrankten Stimmkopf am unteren Ende der Luftröhre ausgelöst (siehe Abbildung Seite 10). Bei offenem Schnabel sind am oben liegenden Kehlkopf keine krankhaften Veränderungen zu erkennen.

Bei älteren Tieren bewirkt die Infektion mit dem Bronchitisvirus oft nur eine verminderte Vitalität mit vorübergehend geringerer Futteraufnahme oder, bei Legehennen, einen Legeleistungsabfall. Die Labordiagnose **»Infektiöse Bronchitis«** verwirrt dann den Tierbesitzer, weil er keine Atemwegserkrankung erkennen kann. Probleme tauchen vor allem auf, wenn die Erstinfektion wegen isolierter Aufzucht der Küken und Junghühner erst im Legealter erfolgt. Eine Frühinfektion noch unter mütterlichem Schutz, wie sie in althergebrachten, gemischtaltrigen Kleinbeständen vorkommt, bleibt bei isolierter Haltung der Jungtiere in der Regel aus. Hier zeigen sich ganz deutlich die Nachteile einer »hygienischen« Haltungsform, auf die aber wegen der Parasitenvorbeuge doch nicht verzichtet werden sollte. Besser ist es, diesen Mangel mit Hilfe der Impfung zu kompensieren, was einer kontrollierten Durchseuchung gleichkommt; sie ist bei der isolierten Aufzucht unerläßlich.

Eischalenschäden sind eines der ersten Anzeichen für infektiöse Bronchitis der Legehennen.

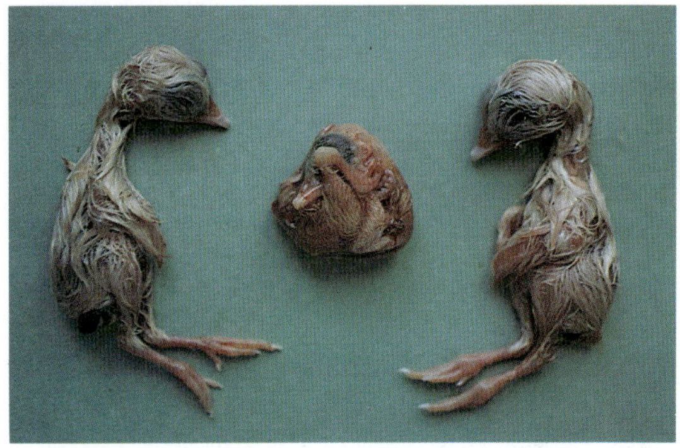

Der Embryo in der Mitte ist aufgrund einer Infektion mit dem Virus der infektiösen Bronchitis zwergwüchsig.

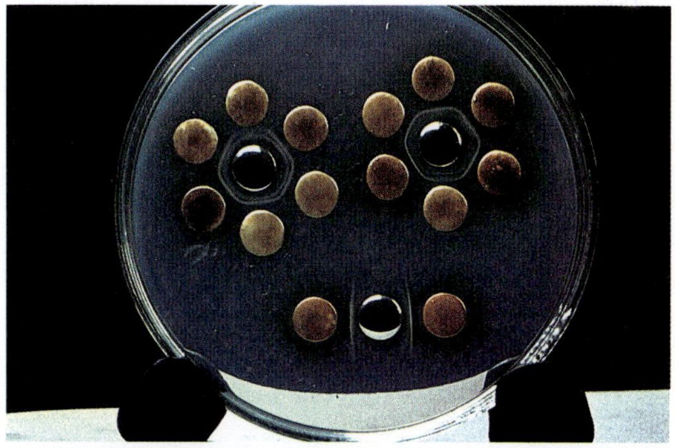

Bei der Präzipitation im Agargel entstehen beim Zusammentreffen von Bronchitis-Virusantigen aus infiziertem Gewebe (äußere Kreise) mit Schutzstoffen (Antikörper) aus dem Serum durchseuchter Tiere weiße Präzipitationsstreifen zwischen dem innen eingebrachten Serum und dem äußeren virushaltigen Gewebe.

Da der Impfschutz jedoch nur wenige Monate lang voll ausreicht, sollten die Impfungen in vierteljährlichen Abständen wiederholt werden (siehe Seite 54). Während der Durchseuchung einer nicht geimpften Legeherde ist die Legeleistung über eine Zeitspanne von etwa 3 Wochen vermindert (siehe Abbildung Seite 29), bei einzelnen stark betroffenen Hennen bleibt sie auf Dauer aus. Solche Hennen mit meist noch schönem Kamm und gutem Allgemeinzustand sollten als unnötige Fresser aus der Herde entfernt werden. Zu Beginn des Infektionsablaufes treten dünnschalige und deformierte Eier auf. Ursache sind entzündliche Prozesse im Eileiter, die zu einer pH-Verschiebung zum Sauren und damit zu einer Störung der Kalkschalenbildung führen.
Eine antibiotische Behandlung hat keinen Einfluß auf den Ablauf der reinen Virusinfektion, sollte aber dann erwogen werden, wenn einzelne Tiere infolge bakterieller Zusatzinfektionen bereits von der chronischen Erkrankung der Atemwege (CRD) betroffen sind.

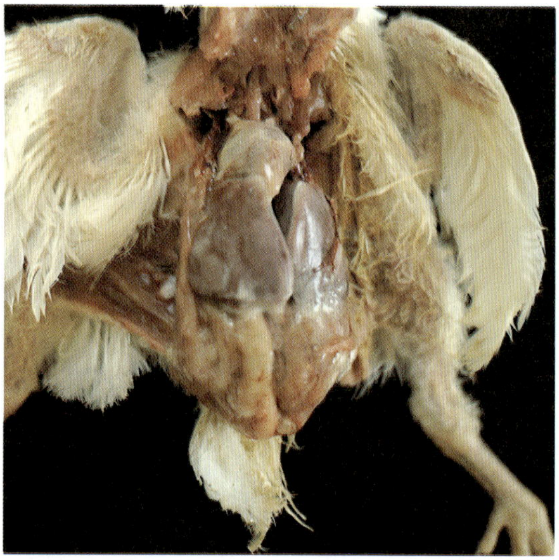

Chronische Erkrankung der Atemwege (CRD). Typisch sind die Fibrineinlagerungen im Herzbeutel (Perikarditis) und Auflagerungen auf der Leber (Perihepatitis) sowie die Fibrinmassen in den tieferliegenden entzündeten Luftsäcken.

Chronische Erkrankung der Atemwege

(Chronic Respiratory Disease, CRD)

Von einer chronischen Erkrankung der Atemwege wird gesprochen, wenn sich **Mykoplasmen** und hauptsächlich *Escherichia-coli*-Keime auf den vom Bronchitisvirus oder auch von anderen Hühnerviren (Adeno- und REO-Viren) geschädigten Schleimhäuten angesiedelt haben. Die Folge ist eine eitrige Lungen- und Luftsackentzündung. Die Tiere zeigen Schnabelatmung und entzündete Lidbindehäute, bei der Zerlegung fallen die eitrig-fibrinösen, gelbkäsigen Massen in den Luftsäcken auf. Ammoniakhaltige Stalluft fördert die Erkrankung der Atemwege.

Bei gehäuftem Vorkommen läßt sich eine antibiotische bzw. Chemotherapie nach tierärztlicher Anweisung kaum vermeiden. Bei Junghühnern, bei denen zunächst die Schlachtung wegfällt und der Legebeginn noch in der Ferne liegt, ist die Einhaltung einer Wartezeit nach Beendigung der Behandlung unproblematisch. Eine Laboruntersuchung mit Antibiogramm zur Ermittlung des wirksamsten Präparates hilft Geld und Zeit sparen. Vor einer Neubelegung des verseuchten Stalles lassen sich die Mykoplasmen und die *E-coli*-Keime sowie die in Frage kommenden Viren mit den üblichen Desinfektionsmitteln (siehe Seite 119) leicht abtöten. Das Bronchitisvirus überlebt bei warmer Witterung auch ein etwa zwei Wochen langes Leerstehenlassen des Stalles nicht. Zu beachten ist aber, daß alle Viren in gefrorenem Zustand monate- oder sogar jahrelang überleben.

Parasitenbedingte Erkrankungen, vorwiegend im Jungtieralter

Jungtiere werden wie bei allen Tierarten bevorzugt von Parasiten befallen. In erster Linie sind es die **Darmparasiten,** gegen die Vorsorge getroffen werden muß. Je geringer bei der Erstaufnahme die Zahl der Parasiteneier ist, desto eher reicht die Zeit, damit sich gegen die Parasiten eine gewisse Immunität aufbaut. In älteren Tieren reicht die Abwehrkraft dann oft ohnedies aus, eine stärkere Ausbreitung der Parasiten zu verhindern. Die allgemeinen Maßnahmen der Haltungshygiene – Desinfektion, stalleigene Überkleidung, Desinfektion von Schuhen, Händen und Geräten, Trennung der verschiedenen Altersgruppen, Vorkehrungen beim Zukauf und die parasitologische Untersuchung von Kotproben – tragen im besonderen zur Verhütung der parasitenbedingten Erkrankungen bei.

Auch bei den **Außenparasiten,** unter denen vor allem die blutsaugende Rote Vogelmilbe gefürchtet ist, beugen parasitenwirksame Maßnahmen, z. B. die Anwendung von Insektiziden im leeren Stall vor der erneuten Einstallung, vor. Während der Legetätigkeit sind solche Maßnahmen problematisch. Die Anwendung von parasitenwirksamen Medikamenten oder Chemikalien erübrigt sich in der Regel bei der Geflügelhaltung auf Drahtgeflechten.

Innenparasiten

Kein Innenparasit des Geflügels ist auf Menschen übertragbar.

Kokzidienbefall

(Kokzidiose, Rote Kükenruhr)

Unter dem Begriff **»Kokzidiose«** werden Erkrankungen zusammengefaßt, die beim Huhn durch verschiedene, einzellige Parasiten (Protozoen) der Klasse Sporozoa hervorgerufen werden (siehe Seite 31). Nur die Art *Eimeria tenella* führt zu einer so starken Schädigung der Schleimhaut der beiden Blinddärme, daß es zu sichtbar blutigem, dünnflüssigem Kot, zur »Roten Kükenruhr« kommt. Aber auch die anderen Kokzidienarten haben ihren Lieblingssitz in bestimmten Darmabschnitten, führen zur Krankheit und gegebenenfalls zum Tod.

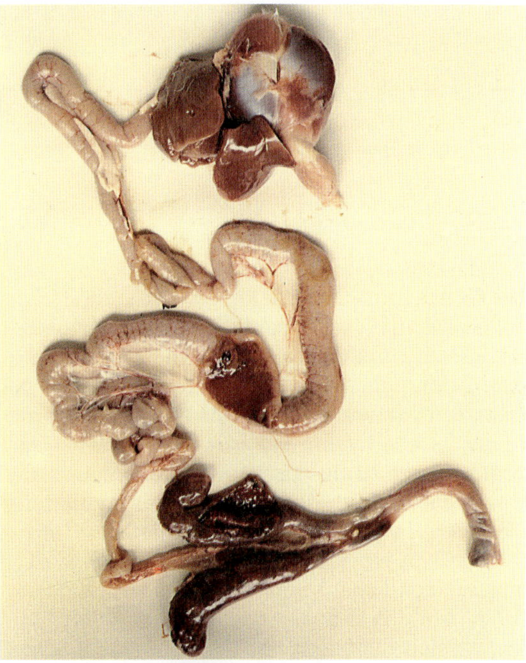

Dünn- und Blinddarmkokzidiose. Durch die Schädigung der beiden Blinddärme erfolgten bereits Blutungen in das Darmlumen (rote Kükenruhr).

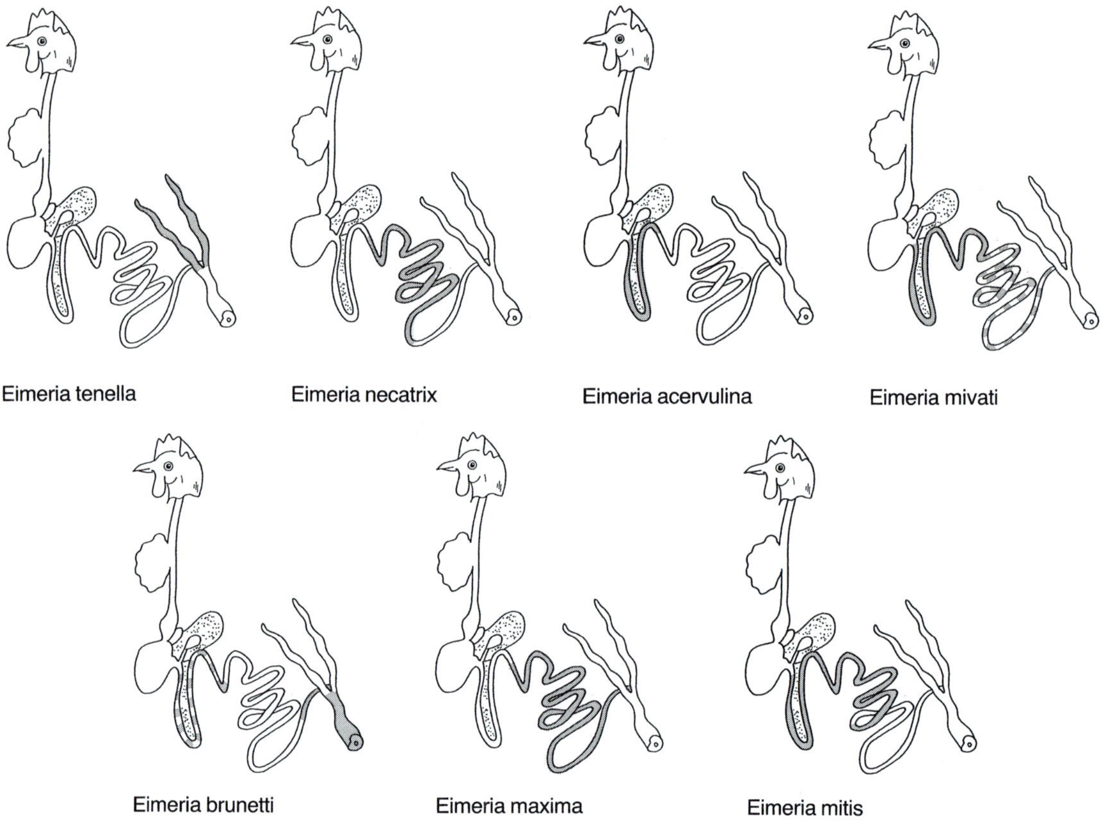

Das Schema zeigt die „Lieblingssitze" der verschiedenen Kokzidienarten des Huhnes.

Die in der Umwelt der Hühner weit verbreiteten, außerordentlich widerstandsfähigen Dauerformen der Kokzidien, die **Oozysten,** sind dann für Jungtiere gefährlich, wenn sie vor der Aufnahme bei einer Temperatur von mehr als 14 °C in feuchtem Klima, beispielsweise bei »Gewitterwetter«, ausgereift sind. Nach der Aufnahme brechen die Oozysten auf; es dringen dann die im Inneren der Oozyste gebildeten Sporen in die Tiefe der Darmschleimhaut ein; dort durchlaufen sie etwa zwei ungeschlechtliche Vermehrungszyklen. Schließlich bilden sich aber weibliche und männliche Zellen, die sich vereinigen und in der oberflächlichen Darmschleimhaut wieder zu Oozysten ausreifen. So können aus einer einzigen aufgenommenen Oozyste nach etwa 5 bis 6 Tagen bis zu 100 000

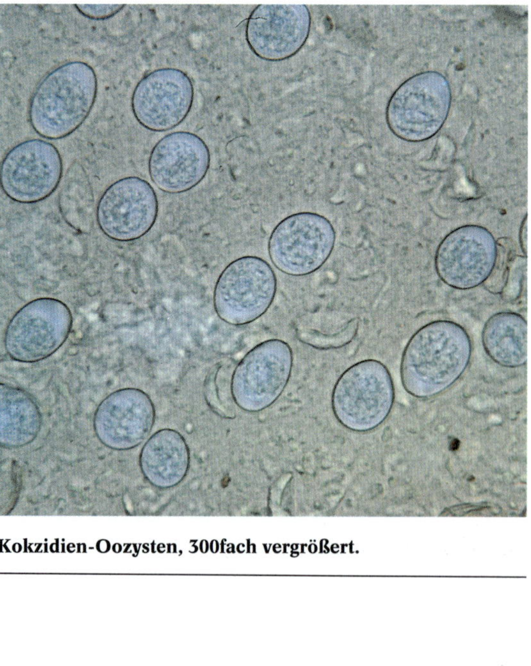

Kokzidien-Oozysten, 300fach vergrößert.

neue Oozysten entstanden sein, die ausgeschieden schnell zu einer Durchseuchung des gesamten Bestandes führen und im Auslauf sogar überwintern können. Darmentzündung, Entwicklungsstörung, Abmagerung und oft auch Tod sind die Folge. Mikroskopische Kotuntersuchungen führen neben der Zerlegung erkrankter oder verendeter Tiere schnell zur richtigen Diagnose und geben auch einen Hinweis auf die im vorliegenden Fall beteiligte Kokzidienart.

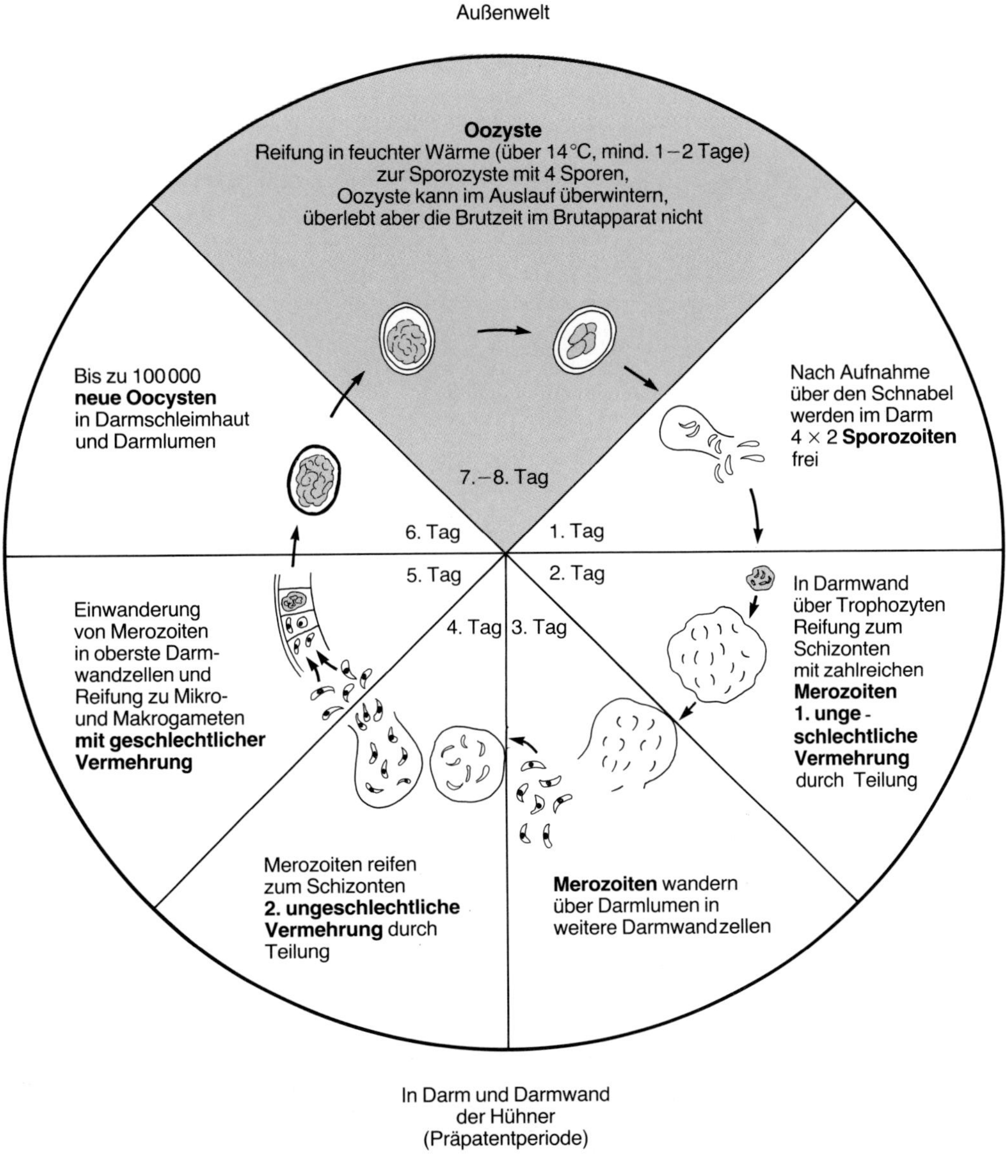

Kreislauf der Kokzidienvermehrung beim Huhn.

Zur **Krankheitsbekämpfung** sollte in bereits betroffenen Beständen umgehend die Verabreichung eines Kokzidiosemittels über das Trinkwasser nach Anweisung des Tierarztes eingeleitet werden. Bereits schwer erkrankte Tiere sind in der Regel nicht mehr zu retten. Deshalb ist der Schwerpunkt auf die Vorbeugung zu legen: **Stalldesinfektion** mit einem Parasiten-Ei-wirksamen Desinfektionsmittel vor jeder Stallneubelegung (siehe Seite 119), stalleigene Schutzkleidung und Schuhwechsel, bei Boden- oder Auslaufhaltung die Verabreichung eines **Kokzidiostatikums** im Junghühnerfutter (siehe Seite 52). Der Bezug eines solchen gegen die Kokzidien wirksamen Futterzusatzes ist im Futtermittelrecht geregelt und kann ohne tierärztliches Rezept erfolgen. Eine entsprechende Kennzeichnung des Futters ist vorgeschrieben. Auf die Angabe der Wartezeit ist zu achten. Die Wartezeit ist die Zeitspanne, die nach Absetzen eines solchen Futters bis zur Verwendung der Tiere als Lebensmittel abgewartet werden muß. Werden Junghühner nach der Umstellung auf Kokzidiostatikafreies Legehennenfutter nicht gleichzeitig auf frische Einstreu gesetzt, so muß aber damit gerechnet werden, daß das mit dem Kot ausgeschiedene Medikament noch über die festgelegte Wartezeit hinaus aus der Einstreu wieder aufgepickt wird und sogar in die ersten Eier nach Legebeginn gelangen kann.

Nach der Durchseuchung mit einer bestimmten Kokzidienart sind die Tiere zwar gegen diese Kokzidien weitgehend gefeit, eine andere Art kann jedoch zu einer erneuten Kokzidiose, selbst noch im Legealter, führen. Vor allem anfällig sind die durch Transportstreß geschwächten, zugekauften Junghühner, zumal mit dem Stallwechsel meist auch eine Futterumstellung verbunden ist. So sollte in diesem Zeitabschnitt eine besonders gründliche Kontrolle mit Hilfe von Kotuntersuchungen vorgenommen werden. Beim Arbeiten mit dem parasitenwirksamen Perchlorethylen oder den schwefelkohlenstoffhaltigen, übelriechenden **Desinfektionsmitteln** (siehe DVG-Liste Seite 119) sollte man unbedingt Atemschutz tragen. In einem noch von Hühnern belegten Stall dürfen solche Präparate nicht eingesetzt werden. Schwefelkohlenstoff ist leberschädigend. **Impfungen** gegen den Befall mit krankmachenden Kokzidien wurden schon seit Jahren versucht. Erst in jüngster Zeit konnten jedoch Erfolge erzielt werden. Auch in Deutschland ist seit Juni 1993 ein Impfstoff mit 8 verschiedenen abgeschwächten, aber noch vermehrungsfähigen Kokzidienstämmen zugelassen. Der Impfstoff wird bereits den Küken zwischen viertem und zehntem Lebenstag verabreicht. Durch ständige Wiederaufnahme ausgeschiedener Oozysten aus der Einstreu soll dann ein anhaltender Impfschutz erreicht werden.

Haarwurmbefall

(Trichuridenbefall, Haarwurmseuche)

Hauptsächlich Junghühner können von zwei verschiedenen Haarwurmarten befallen werden, von *Capillaria obsignata* und von *C. caudinflata*. Da die zweite Art als Zwischenwirt den Regenwurm benötigt, kommt sie nur bei Auslaufhaltung vor, wohin die Parasiteneier durch Wildvögel gelangen können. Mit *C. obsignata,* ohne Zwischenwirt übertragbar und ebenso bei Tauben vorkommend, ist dagegen auch bei Stall-Bodenhaltung zu rechnen. Da alle Haarwürmer aber mehrere Wochen zur Entwicklung vom Wurmei bis zum geschlechtsreifen Wurm benötigen (siehe Seite 30), ist in der kurzen Zeit der Junggeflügelmast (5 bis 6 Wochen) selbst bei Bodenhaltung nicht mit der Ausbreitung eines Wurmbefalls innerhalb der Mastherde zu rechnen. Probleme tauchen im allgemeinen erst ab der 7. bis 10. Lebenswoche auf, dann kann es allerdings bei Boden- oder Auslaufhaltung zu seuchenhaften Todesfällen kommen. Nach der Legereife fällt der Legeleistungsrückgang auf. Infolge der Schädigung der Darmschleimhaut kommt es zur Störung der Karotinaufnahme und damit zu blassen Eidottern.

Haarwurmbefall kann auch bei geöffnetem Darm nur von einem geübten Auge erkannt werden. Wird der schleimige Darminhalt mit der Scherenspitze hochgezogen, reißt ein reiner Schleimfaden schnell ab. Befindet sich dagegen ein etwa 1 cm, bei Weibchen 1,8 cm langer Haarwurm im Schleim, so ist dieser als ganz dünner, kaum sichtbarer Faden, vom Darm zur Scherenspitze verlaufend, zu erkennen. Sicherer läßt sich der Haarwurmbefall durch eine mikroskopische Kotuntersuchung nachweisen.

Dabei sind die zitronenförmigen Eier im Kotausstrich deutlich wahrnehmbar. Haarwurmkuren mit Wiederholung nach drei Wochen, um auch

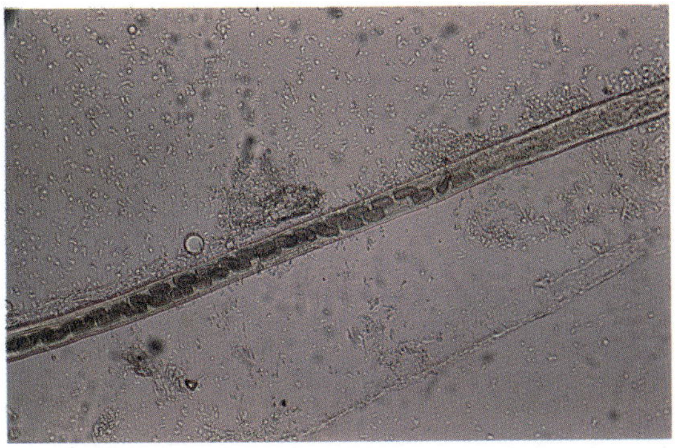

Die zitronenförmigen Eier der Haarwurm-Weibchen sind bereits bei schwacher mikroskopischer Vergrößerung deutlich zu erkennen.

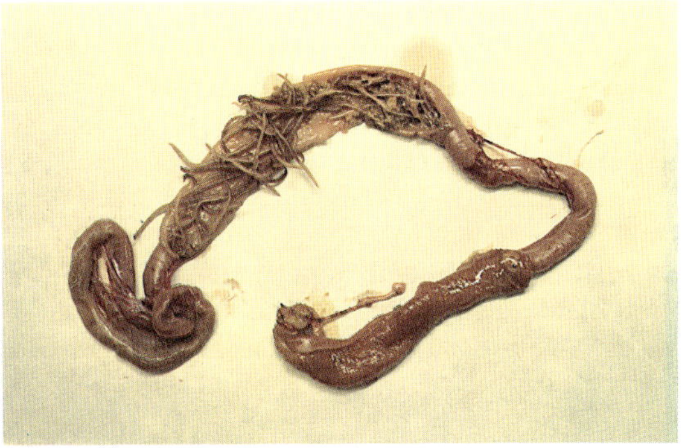

Spulwurmknäuel im Dünndarm können zum Darmverschluß führen.

neu herangewachsene Würmer zu erfassen, sind nach tierärztlicher Anweisung möglich, bei Legehennen ist jedoch die Weitergabe der Hühnereier innerhalb der Wartezeit nicht statthaft. In einer Stall-Bodenhaltung muß die allgemeine Stallhygiene beachtet und notfalls Einstreuwechsel oder Umsetzen in einen frisch gerichteten Stall unmittelbar nach der Haarwurmkur vorgenommen werden. Vitamin-A-Gaben helfen, das eingetretene Defizit wieder auszugleichen. Bei Auslaufhaltung schafft nur der Wechselauslauf Abhilfe. Die Anreicherung der Parasiteneier im Auslauf mit den entsprechenden Folgen hat dazu geführt, von einem »hühnermüden« Auslauf zu sprechen. Obwohl die Parasiteneier im Stall noch eher vernichtet werden können (siehe ab Seite 119), gibt es bei Bodenhaltung auch »hühnermüde« Ställe. Dies ist verständlich, wenn man weiß, daß in 1 g Kot schon bis zu 6000 Haarwurmeier gefunden wurden!

Spulwurmbefall
(Askaridenbefall, *Ascaridia galli*)
Spulwürmer des Geflügels benötigen zur Entwicklung keinen Zwischenwirt und können sich daher in Hühnern aller Bodenhaltungen ausbreiten. Aus dem aufgenommenen Spulwurmei reift im Dünndarm in etwa 50 Tagen der geschlechtsreife, etwa 5 cm (Männchen) bis 10 cm (Weibchen) lange Rund- oder Fadenwurm heran. Auch der Spulwurm kann sich wie die Haarwürmer in der kurzen Junggeflügelmast wegen seiner langen Entwicklungszeit nicht ausbreiten. Das ausgeschiedene Wurmei muß überdies in feuchter Wärme noch wenigstens 10 Tage lang ausreifen, bis die Larve invasionsfähig ist. Ein weiblicher Wurm scheidet insgesamt bis zu 240000 Eier aus, in 1 g Hühnerkot wurden schon 1500 Spulwurmeier gefunden. Starker Spulwurmbefall führt schließlich zu Abmagerung, bei Legehennen zu einer Leistungseinbuße, möglicherweise sogar zum Darmverschluß durch einen Spulwurmknäuel.
Eine nach Anweisung des Tierarztes eingeleitete Spulwurmkur erfordert die Beachtung der Wartezeit für die Geflügelprodukte. Die Wurmkur ist nach 4 bis 5 Wochen zu wiederholen, gleichzeitig ist Einstreuwechsel und gegebenenfalls ein Umsetzen in einen Wechselauslauf erforderlich. Vitamin-A- und Vitamin-B-Gaben erhöhen die Widerstandskraft gegen Spulwürmer. Trotz der allgemeinen Hygienemaßnahmen, trotz Kleider- und Schuhwechsel ist die Einschleppung der im Freien jahrelang überlebenden Spulwurmeier in eine Bodenhaltung auf Dauer kaum zu vermeiden. Selbst bei einer neu eingerichteten Hühnerhaltung gelingt das Freihalten vom Wurmbefall, sofern auch im Umland Hühner gehalten werden, meist nur einige Jahre lang. Besucher, Handwerker, Lieferanten oder Kleintiere bringen erfahrungsgemäß doch irgendwann einmal die Wurmeier mit und der Parasitenkreislauf beginnt.
Als besondere Art der Gattung *Ascaridia* werden in den Blinddärmen der Hühner oft die **Heterakiden,** auch **Pfriemenschwänze** genannt, gefunden.

Diese Würmer sind nur 1 bis 2 cm lang, leben in den Blinddärmen und richten dort keinen großen Schaden an. Die Eier der Heterakiden ähneln denen der Spulwürmer, sie sind daher bei einer parasitologischen Kotuntersuchung nur schwer zu unterscheiden.

Luftröhrenwurmbefall
Der Befall mit den in Dauerkopulation lebenden rötlichen *Syngamus trachea*-Fadenwürmern wird meist nur bei Wildvogelarten gefunden.

Bandwurmbefall
(Cestodenbefall)
Bandwürmer sind Zwitter mit männlichen und weiblichen Geschlechtsorganen in jedem Bandwurmglied; sie benötigen stets einen Zwischenwirt für die Entwicklung zum Finnenstadium. Das Vorkommen des Bandwurmbefalls ist deshalb vom Vorkommen und der Aufnahme des Zwischenwirtes abhängig. Der Zwischenwirt muß zur Aufnahme der Bandwurmeier Kontakt zu den Ausscheidungen des Endwirtes haben.
Hühner werden im wesentlichen von drei Bandwurmarten bedroht. Es ist dies bei Auslaufhaltung einmal die kurze, vier- bis fünfgliedrige, mit dem bloßen Auge nur im Quetschpräparat auf dem Objektträger erkennbare, bis etwa 4 mm lange *Davainea proglottina*. Dieser Bandwurm benötigt zu seiner 3 bis 4 Wochen dauernden Entwicklung bis zum Finnenstadium – bei den Geflügelbandwürmern Zystizerkoid genannt – die kleinen nackten Ackerschnecken. Nach dem Verzehr einer befallenen Schnecke reift der geschlechtsreife Bandwurm schon in etwa 12 Tagen heran. Zum anderen wird vor allem beim Wassergeflügel die dünne, aber längere *Hymenolepis curioca* mit Kleinkrebsen als Zwischenwirt gefunden.
Bei Auslauf- und Stallhühnern taucht gelegentlich die vielgliedrige, bis zu 20 cm lange und als Bandwurm deutlich erkennbare Art *Raillietina cesticillus* auf. Als Zwischenwirt kommt hier vor allem der Kornkäfer in Frage (siehe Seite 30).
Vor allem der *Davainea*-Befall kann zu Abmagerung und gehäuften Todesfällen führen. Da die Bekämpfung der Zwischenwirte, der Schnecken, schwierig ist, wird die Verabreichung eines Wurmmittels unter Einhaltung der vom Tierarzt mitgeteilten Wartezeit für den Verzehr der Geflügelprodukte notwendig. Der Erfolg ist jedoch fraglich, da eine Schnecke bis zu 1500 Zystizerkoide beherbergen kann, einen Aktionsradius von 200 bis 500 m hat und ein Huhn manchmal bis zu 2000 Bandwürmer 2 bis 3 Jahre lang in sich trägt.
Beim Befall mit den anderen, meist nur vereinzelt vorkommenden Bandwürmern erübrigt sich in der Regel die Behandlung des Gesamtbestandes.

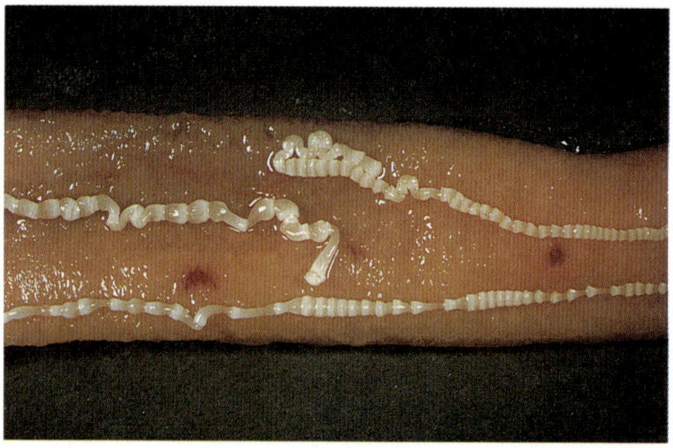

***Raillietina*-Bandwurm im Dünndarm.**

Die zahlreichen einzeln liegenden Glieder der meist in Massen vorkommenden Davai-Bandwürmer sind im Darmabstrich auf dem Objektträger mit dem bloßen Auge als kleine weißliche, ovale Schuppen zu erkennen.

Außenparasiten
(Arthropoden)

Im Gegensatz zu den Innenparasiten ist bei den Außenparasiten des Huhnes daran zu denken, daß auch der Mensch befallen werden kann, und zwar von der **Roten Vogelmilbe** und von **Hühner-**

flöhen. Die Vogelmilbe ist leicht an der Stallkleidung zu entdecken, während es schon schwieriger ist, den Floh zu fangen.

Spinnentiere

(Arachnida, im geschlechtsreifen Stadium vier Beinpaare am ungegliederten Kopf-Brust-Teil)

Milbenbefall

Milben sind daran zu erkennen, daß die erwachsenen Tiere keinen gegliederten Körper wie die Insekten aufweisen. Nur die Larven haben drei Beinpaare, Nymphen und geschlechtsreife Milben haben dagegen, wie alle Spinnentiere, insgesamt acht Beine. Bei den lebendgebärenden Hauträudemilben sind allerdings die Jungen schon im Mutterleib mit acht Beinen ausgestattet (siehe Abbildung Seite 78).

Am gefährlichsten für das Huhn ist die **Rote Vogelmilbe** *(Dermanyssus gallinae)*. Schon die beiden Nymphenstadien, vor allem aber die geschlechtsreifen weiblichen Milben befallen Huhn oder Taube bei Nacht, um deren Blut zu saugen. Tagsüber verstecken sie sich in Ritzen des Stalles oder unter den Auflagestellen der Sitzstangen und in Legenestern. Auch die Milbeneier werden im Stall gelegt, wo sie bei feuchtwarmer Witterung innerhalb weniger Tage zur Larve ausreifen. Die verschiedenen Entwicklungsstadien sind frühestens nach sieben Tagen durchlaufen. So kann der Vogelmilbenbefall bei entsprechenden Temperaturen in kurzer Zeit zu seuchenhaften Verlusten führen. Betroffene Tiere fallen durch das Blaßwerden des Kammes auf, schließlich liegen sie infolge des Blutverlustes morgens tot im Stall. Auch wenn die Hühner verendet und abgekühlt sind, bleiben die Milben auf der Haut des Tieres. So können sie beim verendeten Tier, gegebenenfalls mit der Lupe, vollgesogen mit Blut und deshalb rot gefärbt und etwa 0,5 mm bis knapp 1 mm lang, leicht entdeckt werden. Wenn Milben aufgepickt wurden, sind sie auch in der Schnabelhöhle und im Kropfinhalt zu finden.

Bei kühler Witterung verfallen die Milben in einen Starrezustand und überleben selbst in einem scheinbar gründlich gereinigten Stall noch monatelang, sogar über die Wintermonate hinweg in Ritzen, unter Dachpappe oder in verlassenen Vogel-

Befall mit Roten Vogelmilben (Dermanyssus gallinae) beim toten Tier; die Milben-Weibchen sind als etwa 1 mm lange, dunkle Pünktchen zu erkennen; am lebenden Tier findet man tagsüber keine Roten Vogelmilben, denn das Blutsaugen erfolgt nur nachts.

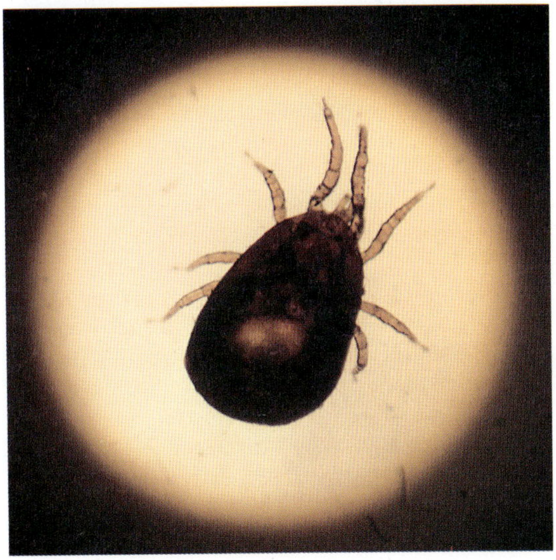

Vollgesaugte Rote Vogelmilben bei starker Lupenvergrößerung. Alle erwachsenen Milben haben 8 Beine.

nestern. Eine Bekämpfung erfolgt deshalb zweckmäßigerweise außerhalb des Tierkörpers. Holzschutzmittel verhindern das Eindringen der Milben in die Ritzen, bei der Auswahl der Mittel muß jedoch darauf geachtet werden, daß sie keine für den Menschen giftige Stoffe abgeben. Insektizide, die Pyrethrum enthalten, sollten zumindest nicht zur Legezeit und deshalb nur abends angewandt werden. Präparate auf der Basis von Phosphorsäureester, z. B. Neguvon, sind verhältnismäßig umweltfreundlich, weil Phosphorsäureester in der Umwelt abgebaut werden. Unter Berücksichtigung der siebentägigen Entwicklungszeit der Milben ist die Bekämpfung nach einer Woche zu wiederholen. Notfalls kann das Aufstellen eines Staubbades mit Asche Linderung bringen.

Der Befall mit Fußräudemilben *(Knemidocoptes mutans)* führt zur Kalkbeinkrankheit. Die Milben-Weibchen sind etwas unter $^1/_2$ mm lang.

Hauträude beim Huhn.

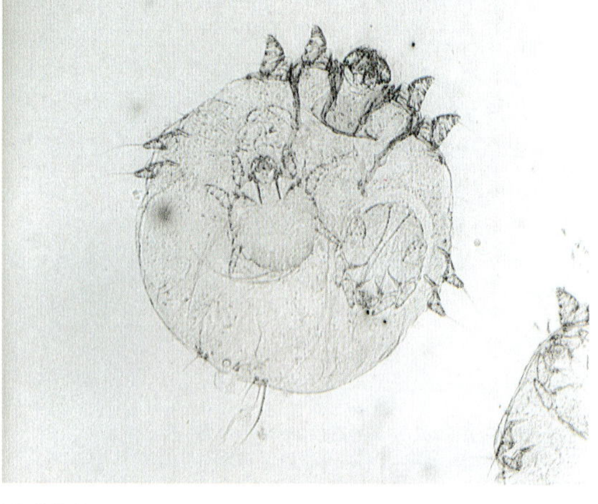

Weibliche Räudemilbe, lebendgebärend, im Lichtmikroskop nach Laboraufarbeitung von Auflagerungen auf den Federspulen.

Hautmilben verlassen das Tier nicht, sie leben dort permanent-stationär und ernähren sich von Hornsubstanzen. Die lebendgebärenden, nur im Mikroskop sichtbaren weiblichen Milben zeigen im Inneren die bereits mit acht Beinen ausgestatteten Jungen. Die Übertragung ist nur unmittelbar durch Tierkontakt möglich, wobei verständlicherweise der Hahn die Hauptrolle spielt. In reinen, gleichaltrigen Legehennenbeständen werden diese Milben nicht mehr angetroffen.
Die **Fußräude** wird wegen der weißlichen Ausscheidungen der Milben auch Kalkbeinkrankheit genannt. Durch Abheben der Hornplatten kommt es zu ausgeprägter Borkenbildung mit Juckreiz und letztlich zu Bewegungsstörungen. Die Hautmilben sind aber so klein, daß sie nur nach labormäßiger Aufarbeitung der Hautgeschabsel im Mikroskop sichtbar sind. Als die Fußräude noch weit verbreitet war, konnten Landfrauen an den Kalkbeinen ihre alten Hennen erkennen und diese dann aus der Herde herausnehmen. Zur Bekämpfung wird zweckmäßigerweise zumindest bis zur Entfernung der letzten befallenen Henne auf die Hähnehaltung verzichtet. Durch Betupfen beispielsweise mit Odylen lassen sich die Milben leicht abtöten.

Luftsackmilben, die öfter bei Ziervögeln gefunden werden, kommen bei Hühnern nur ganz selten vor.
In feucht und warm gelagerten Futtermehlen vermehren sich **Futtermilben,** die mit dem bloßen Auge gerade noch erkennbar sind, besonders wenn sie sich in der Wärme lebhaft bewegen. Futtermilbenbefall zeigt verdorbenes Futter an, das dann nicht mehr verabreicht werden sollte.

Insekten
(Hexapoda, auch im geschlechtsreifen Stadium nur drei Beinpaare am Brustteil)

Federlingsbefall
Bei den Federlingen handelt es sich um flügellose, in einen breiten Kopf, Brust und Hinterleib gegliederte Insekten, die ähnlich wie die Haarlinge der Säugetiere von Hornsubstanzen leben. Echte blutsaugende Läuse mit schmalem Kopf gibt es beim Geflügel nicht. Wenn die Federlinge landläufig Hühnerlaus genannt werden, so ist dies also keine richtige Bezeichnung. Die Federlinge des Geflügels gehören alle zu den Mallophagen, gliedern sich aber in zahlreiche Unterarten auf und sind 1 mm bis 6 mm lang. Sie leben alle auf dem Tier und kleben ihre Eier in Klumpen an die Federkiele an. Unmittelbar lebensbedrohend ist der Federlingbefall nicht. Die Tiere werden aber beunruhigt, so daß starker Befall doch zu Legeleistungseinbußen führt. Ein Federlingpärchen kann innerhalb weniger Monate etwa 120 000 Nachkommen erzeugen.
Die Entwicklung vom Ei bis zum geschlechtsreifen Federling dauert etwa drei Wochen lang. Die Bekämpfung mit Insektiziden am Huhn selbst, außerhalb der vormittäglichen Legezeit, ist daher nach etwa 20 Tagen zu wiederholen. Wichtig ist die Bekämpfung im Herbst, weil sich die Federlinge beim engen Zusammenrücken der Tiere im Winter besonders stark vermehren. Ohne Wirtstiere können Federlinge höchstens ein bis zwei Wochen lang überleben. In einem von Hühnern geräumten und gründlich gesäuberten Stall sterben sie daher innerhalb von 14 Tagen sicher ab.

Unter dem Mikroskop sind die 6 Beine am Brustteil des Federlings gut zu sehen.

Hühnerflöhe
(Ceratophyllus gallinae)
Auch unter den Flöhen gibt es verschiedene Hühner befallende Arten. In Europa ist es *Ceratophyllus gallinae,* 3 mm bis 3,5 mm lang, der Blut bei Hühnern, aber auch bei Wildvögeln, Hunden, Katzen, Ratten und in der Not auch beim Menschen saugt. Weibliche Flöhe legen täglich mehrere knapp 1 mm große weiße Eier, die vom betroffenen Wirtstier fallen und in der feuchten Einstreu oder im Legenest, je nach Stallklima, innerhalb einer bis mehrerer Wochen bis zur Larve ausreifen. Nach gewöhnlich zwei Häutungen, wieder innerhalb weniger Wochen, folgt das Puppenstadium, aus dem – je nach Temperatur – frühestens nach einer Woche die Flöhe ausschlüpfen und schon nach wenigen Tagen – sofern sie einen Wirt zum Blutsaugen finden – geschlechtsreif werden. Die erwachsenen Flöhe können wochenlang ohne Nahrung überleben, für ein monatelanges Leben benötigen sie aber gelegentlich einen geeigneten Wirt. Als Nahrung dient den Flohlarven der reichlich in das Umfeld abgesetzte bluthaltige Kot der Elternflöhe. Wenn der Inhalt von Legenestern eines befallenen Bestandes im Winter auf Schnee gestreut wird, so verfärbt sich dieser blutig-rot!
Am Tier sind die Flöhe schwer zu finden, eher entdeckt sie der Tierpfleger krabbelnd und stechend an sich selbst. Gelingt es, den Floh zu greifen, ist es ratsam, ihn erst im Wasser eines Wasserglases wieder los zu lassen, andernfalls springt er davon. Im Wasser nimmt er schnell das bekannte Bild mit den hinteren, langen Sprungbeinen ein .
Bei der Bekämpfung mit Insektiziden muß auch das Umfeld der Tiere mit einbezogen werden. Eine Wiederholung ist nach etwa 2 Wochen erforderlich.

Virusbedingte Erkrankungen im Legealter oder nach Zukauf von Tieren

(Virusinfektionen, die die Legeleistung mindern, siehe auch Seite 29)

Leukose der Hühner und Osteopetrosis

(Leukose-Sarkom-Komplex der Hühner, Lymphomatosen, lymphoidzellige Leukosen)

Ab der Legereife ist die **Leukose** der Hühner eine der gefürchtetsten Krankheiten. Die Virusinfektion erfolgt schon von der Mutterhenne aus oder aber innerhalb der ersten acht Lebenswochen, sie bleibt jedoch bis etwa zur Legereife verborgen. Erst im Laufe des ersten Legejahres werden ein Blaßwerden des Kammes, ein Stillstand der Legetätigkeit und schließlich Todesfälle beobachtet.

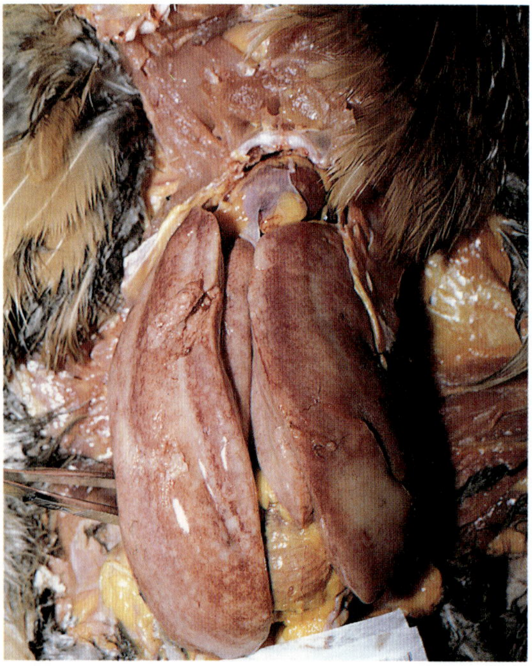

Leukose. Beim geöffneten Tier fällt die infolge der Einlagerung der weißen Blutkörperchen (Lymphozyten) stark vergrößerte Leber auf.

Die krankhaften Veränderungen in den inneren Organen werden durch die Infektion unreifer Knochenmarkszellen ausgelöst, die dann entarten, sich unkontrolliert vermehren und durch Wucherung in den Organen, im besonderen in Leber, Milz, Nieren und Eierstock, zu geschwulstartigen Umfangsvermehrungen dieser Organe führen.
Je nach Virusstamm können alle Arten der weißen Blutkörperchen betroffen werden, am häufigsten tritt jedoch die aleukämische, lymphoidzellige Leukose oder **Lymphomatose** auf, wobei die kleinen runden, aber entarteten Lymphozyten in den inneren Organen, ähnlich wie bei der akuten Marekschen Krankheit, angetroffen werden. Aleukämisch heißt diese Form deshalb, weil im Gegensatz zur Leukämie des Menschen oder Rindes im Blut keine erhöhte Leukozytenzahl zu finden ist. Behandlungsversuche kommen bei der bösartig verlaufenden Viruskrankheit nicht in Frage. Kranke Tiere sind im Sinne des Tierschutzes rechtzeitig aus der Herde zu entfernen.
Ein starker Rückgang der Leukoseerkrankungen ist beim Wirtschaftsgeflügel seit der Impfung der Eintagsküken mit dem abgeschwächten Virus der Marekschen Krankheit eingetreten. Das läßt sich dadurch erklären, daß bei einer Verhütung der Marekschen Krankheit die Thymusdrüse geschont wird, was dann zur Erhaltung der von dort gesteuerten, zellgebundenen Immunität und damit zu einer guten Abwehrlage gegen die verschiedensten Krankheiten führt. Der sonst mögliche Immundefekt bleibt aus.
Es wird auch versucht, mit Hilfe von aufwendigen Laboruntersuchungen leukosevirusfreie Legehennen zu ermitteln und deren Küken wenigstens acht Wochen lang, während der besonderen Anfällig-

Knochenleukose (Osteopetrosis) beim Junghuhn.

Skelett desselben Tieres mit Knochenleukose. Die typische Auftreibung der Knochen ist gut zu erkennen.

keit, in Isolation frei von einer Infektion aus der Umgebung zu halten.

Von **Osteopetrosis** wird gesprochen, wenn die Blutzellwucherungen unmittelbar im Knochen selbst ablaufen. Die Auftreibung der Knochen ist auch am lebenden Tier deutlich zu erkennen, was an den Abbildungen gut zu sehen ist.

Newcastle-Krankheit und Geflügelpest

(Atypische oder asiatische Geflügelpest, Pseudogeflügelpest, **Newcastle Disease** (ND) und **klassische Geflügelpest** (KP), Geflügelinfluenza)

Die Newcastle-Krankheit ist nach der im Grenzgebiet von England gegen Schottland, nahe der Nordseeküste am Flusse Tyne gelegenen Stadt Newcastle benannt. Die durch ein behülltes, in der Umwelt verhältnismäßig lange überlebendes Virus, ausgelöste Krankheit wurde im Jahre 1926 erstmals mit Kampfhähnen aus dem damaligen holländischen Ostindien in diese Stadt eingeschleppt. Im 2. Weltkrieg kam das Virus mit Geflügel aus Italien auch nach Deutschland. Wegen der Ähnlichkeit des Seuchenablaufes mit einer bereits bekannten Hühnerseuche, der **Lombardischen Geflügelpest,** wurde beim Auftreten der **Newcastle-Krankheit** anfangs einfach auch von Geflügelpest gesprochen. Erst durch spezielle virologische Untersuchungen konnte schließlich nachgewiesen werden, daß sich der Erreger der neuen Hühnerseuche deutlich vom Virus der schon bekannten **klassischen Geflügelpest** unterscheidet. Das neue Virus gehört zu den Paramyxoviren, während das klassische Geflügelpestvirus zu den Influenza-Viren zählt, wo auch das Virus der echten Grippe des Menschen zu finden ist. Die klassische Geflügelpest war schon Ende des 19. Jahrhunderts aus Norditalien nach Deutschland eingedrungen, ist jedoch in den Jahren um 1925 in Europa praktisch wieder verschwunden. Echte Influenzaviren werden gegenwärtig nur gelegentlich bei Wassergeflügel oder Puten gefunden. Nachfolgend wird daher nur auf die Newcastle-Krankheit näher eingegangen. Beide Virusinfektionen zeigen jedoch ganz ähnliche Krankheitsbilder. Zur genauen Diagnose ist stets die Laboruntersuchung erforderlich.

Schon der Verdacht des Vorliegens einer der beiden Seuchen, der Newcastle-Krankheit oder der Geflügelpest, muß bei der nächsten Polizeibehörde oder unmittelbar beim zuständigen staatlichen Veterinäramt aufgrund des Tierseuchengesetzes angezeigt werden. Dazu sind alle Personen verpflichtet, die irgendwie mit den erkrankten Tieren zu tun haben. Die staatliche Seuchenbekämpfung erfolgt dann entsprechend der »Verordnung zum Schutz gegen die Geflügelpest und die Newcastle-Krankheit«. Das hat zwar, wie bei der Geflügelpest, auch bei der **Newcastle-Krankheit** in Europa zur weitgehenden Ausrottung dieser Seuche geführt. Die Gefahr eines erneuten Seuchenausbruches droht jedoch stets durch den weltweiten Geflügelhandel und die Einfuhr von gefrorenen Geflügelprodukten aus noch betroffenen Ländern sowie durch den Import exotischer Vögel. Auch unter Tauben zirkuliert in jüngster Zeit eine Virusvariante, die auf Hühner überwechseln kann. So bleibt die Newcastle-Krankheit eine der gefürchtetsten Hühnerseuchen. Es ist deshalb vorgeschrieben, daß alle Hühnerbestände mit mehr als 200 Tieren unter Impfschutz zu halten sind (Impfprogramme siehe Seite 54). Wird, wie üblich, zur Impfung abgeschwächtes Virus im Trinkwasser verabreicht, so ist beim Umgang mit dem Impfstoff darauf zu achten, daß das virushaltige Wasser nicht auf die eigenen Lidbinde- oder Nasenschleimhäute gelangt. Das Virus haftet auch beim Menschen und kann Lidbindehautentzündungen oder Lymphknotenschwellungen auslösen.

Das Krankheitsbild der Newcastle-Krankheit ist ziemlich typisch. Es gibt allerdings unterschiedliche Verlaufsformen. Ein sehr virulentes Virus führt bei empfänglichen Hühnern innerhalb von 3 bis 4 Tagen zu seuchenhaftem Sterben.

Bei Legehennen fallen zunächst dünnschalige Eier auf, dann wird die Legetätigkeit ganz unterbrochen.

Die Tiere zeigen Schnabelatmung mit klagenden Tönen und Ausfluß aus dem Schnabel; dünnflüssiger, braun-grünlicher Kot wird abgesetzt. Im Fieberzustand verfärben sich die Kämme dunkelblaurot. Nach Öffnen des Schnabels sind im Rachen oft schon kleine, zerstreut liegende Eiterstippchen zu sehen. Im Drüsenmagen sind die Drüsenausgänge blutig infiltriert und im Darm treten in ausgeprägten Fällen fingernagelgroße Eiterherde auf, Schleimhautnekrosen mit Fibrinauflagerungen.

Wird eine Herde aber nur von einem abgeschwächten, wenig virulenten Virus befallen oder trifft ein virulentes Virus auf teilimmune Hühner, ist eine langsam verlaufende Durchseuchung zu beobachten, die sich oft nur in einem vorübergehenden Legerückgang bemerkbar macht. Bei einzelnen Tieren kann aber die für manche Virusinfektionen typische, nicht-eitrige Gehirnentzündung mit Lymphozyten-Infiltraten um die Blutgefäße und Nervenzelldegeneration im Gehirn auftreten.

Newcastle-Krankheit; Bewegungsstörungen sind eine Folge der virusbedingten, nicht-eitrigen Gehirnentzündung.

Solche Tiere zeigen erst etwa in der zweiten Woche nach der Infektion eine unphysiologische Kopfhaltung und werden auch »Sterngucker« benannt; sie sind unheilbar krank.

Puten und Wassergeflügel zeigen nach einer Infektion mit dem Virus der Newcastle-Krankheit meist nur wenig ausgeprägte Krankheitszeichen.

Schon bei Seuchenverdacht und solange der Bestand unter amtlicher Beobachtung steht, dürfen Tiere ohne Genehmigung der zuständigen Behörde nicht entfernt oder geschlachtet werden. Selbst noch gesund erscheinende Tiere könnten ja bereits das Virus in sich tragen und dann zur weiteren Verbreitung beitragen. Nach Einfrieren solcher Schlachtkörper hält sich das Virus jahrelang vermehrungsfähig, und nach dem Auftauen könnte sich ein inzwischen neu aufgebauter Bestand über Küchenabfälle wieder infizieren.

Beim Vorliegen der echten **Geflügelpest** (Geflügelinfluenza) wird eine Bestandstötung und Abgabe an eine Tierkörperbeseitigungsanstalt angeordnet, bei der Newcastle-Krankheit *kann* sie angeordnet werden. Bei angeordneter Tötung gibt es besondere Regelungen für eine Entschädigung.

Ansteckende Kehlkopf-Luftröhren-Entzündung

(Infektiöse Laryngotracheitis, ILT)

Die virusbedingte, ansteckende Kehlkopf-Luftröhren-Entzündung ist eine Krankheit der Hühner und Fasanen, tritt aber in einer bösartigen Verlaufsform weltweit nur selten auf. Eine Gefahr der Erregereinschleppung besteht gelegentlich durch die Teilnahme an Geflügelausstellungen oder durch den Zukauf von Zuchttieren. Betroffene und genesene Tiere können länger als ein Jahr Virusträger bleiben und zugesetzte, empfängliche Tiere anstecken.

Das behüllte Virus gehört zur Gruppe der Herpesviren und führt namentlich bei Junghühnern ab der zehnten Lebenswoche und bei Hennen der ersten Legeperiode ab dem sechsten bis 15. Tag nach der Infektion zu schweren Erkrankungen. Infolge einer blutig-eitrigen Kehlkopf- und Luftröhren-Entzündung kommt es zum Auswurf von blutig infiltriertem Schleim aus der Luftröhre. Schnell tritt ein Legeleistungsabfall ein. Der Tod erfolgt durch Ersticken.

Chemotherapeutisch lassen sich nur die bakteriellen Begleitinfektionen angehen. Impfungen mit abgeschwächten, aber noch vermehrungsfähigen Viren sind möglich, sollten aber nur nach gründlicher tierärztlicher Beurteilung der Bedrohung in der Regel in Form der Augentropfmethode, gegebenenfalls als Notimpfung vorgenommen werden.

Geflügelpocken

(Pocken-Diphtherie (PD), Variola avium)

Bei den Geflügelpocken handelt es sich um die beim Geflügel wohl am längsten bekannte Virusinfektion. Pockenviren sind die größten behüllten Viren (etwa 0,5 µm im Durchmesser). Sie haben sich an die verschiedenen Tier- und Vogelarten wie auch an den Menschen angepaßt. Sie lassen sich aber nur beschränkt von einer Spezies zur anderen übertragen, wie beispielsweise die Kuhpocken auf den Menschen. Unter den Vogelpocken gibt es Hühner-, Puten-, Tauben-, Falkenpocken, dann Wachtelpocken sowie die noch weit verbreiteten Kanarien-(Zwergpapageien-, Finken- und Sperlings-)Pocken. Innerhalb dieser drei Gruppen verhält sich die wechselseitige Immunität etwa gleichartig.

Die **Hautform** der Pockeninfektion zeigt sich bei den Hühnern vor allem an den federlosen Stellen

Geflügelpocken mit typischen Pockenborken am Kamm einer Henne.

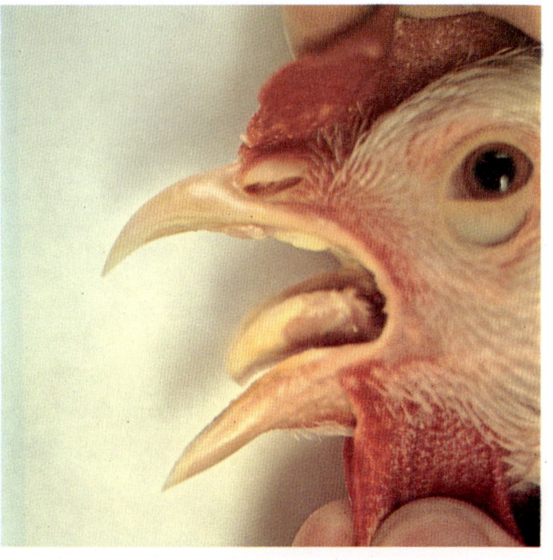

Pocken-Diphtherie im Zungenbereich des Hahnes.

des Kopfbereiches. Das Virus führt zu einer starken Vermehrung und Aufquellung der Hautzellen, die dann oberflächlich verhornen und schließlich zum Bild der typischen Pockenborke führen. Auf dem Blutweg kann das Virus aber auch bis zu den federfreien Stellen der Extremitäten, bei Tauben auf die gesamte Körperhaut gelangen.

Damit die Infektion zum Haften kommt, muß das Virus, wie früher bei der Impfung der Kinder gegen die Pocken des Menschen, in die Hautzellen eingebracht werden. Dies kann durch stechende Insekten oder durch Viruskontakt an verletzten Hautstellen erfolgen. So spielt der Hahn eine wesentliche Rolle bei der Virusübertragung, weil er beim Tretakt die Hennen mit dem Schnabel am Kamm greift. Der Hahn selbst erkrankt, wenn er sich an infizierten Hennen ansteckt, an der Schleimhautform der Pocken, die im Krankheitsbild der Diphtherie des Menschen ähnelt. So kam für dieses Krankheitsbild der Begriff **»Geflügeldiphtherie«** oder besser, weil das Diphtheriebakterium des Menschen nicht beteiligt ist, »Geflügeldiphtheroid« zustande. Die eigentliche Virusinfektion, die zur Zellzerstörung führt, ist dabei noch überdeckt durch bakterielle Sekundärinfektionen mit starker Fibrinabsonderung.

Die Einschleppung des Pockenerregers in eine Geflügelherde erfolgt erfahrungsgemäß über den Zukauf von infizierten Zuchthähnen. Da jedoch Legehennen des Wirtschaftsgeflügels ohne Hähne gehalten werden und in den Vermehrungszuchten die Hähne schon als Küken mitgeliefert werden, sind dort die Geflügelpocken praktisch ausgestorben. Eine gewisse Gefahr besteht noch für die Bestände der Rassegeflügelzüchter. Es sollten deshalb dort zugekaufte Tiere stets wenigstens drei Wochen lang in Quarantäne gehalten werden, die Inkubationszeit beträgt nämlich 4 bis 20 Tage. Nur so sind die Bestände vor der schweren, mit Fieber einhergehenden und zu hohen Verlusten führenden Krankheit zu schützen. Nach der Seucheneinschleppung kann durch eine Notimpfung noch versucht werden, die Ausbreitung innerhalb des Bestandes einzudämmen.

Bakterienbedingte Erkrankungen im Legealter oder nach Zukauf von Tieren

Darmerkrankungen, Eileiter- und Bauchfellentzündungen unter Beteiligung von *Escherichia-coli*-Keimen

Die in jedem Hühnerdarm und damit auch in Kot und Einstreu vorkommenden *E.-coli*-Keime sind zunächst ungefährlich, sie gehören zur natürlichen Darmflora. Probleme gibt es erst, wenn beispielsweise nach einer Futterumstellung, nach der Verabreichung von verdorbenem Futter oder bei mangelhafter Einstreupflege die Anteile der üblicherweise im Darm vorkommenden verschiedenartigen Bakterien aus dem Gleichgewicht geraten (siehe Seite 63). Zu schwerer Allgemeinerkrankung kommt es, wenn z. B. nach Virusinfektionen die Darmschranke durchbrochen wird, mit Staub eingeatmete *E.-coli*-Keime sich in den Lungen und Luftsäcken festsetzen oder wenn diese Keime von der Kloake aus in den Eileiter und von dort in die Bauchhöhle gelangen (»Berufskrankheit« der Legehennen). In den Luftsäcken wie auch im Eileiter bilden sich dann feste, eitrig-fibrinöse Massen. Im Eileiter sieht dieser fibrinhaltige Eiter aus, als wenn Eimassen ineinandergeschoben wären. Da-

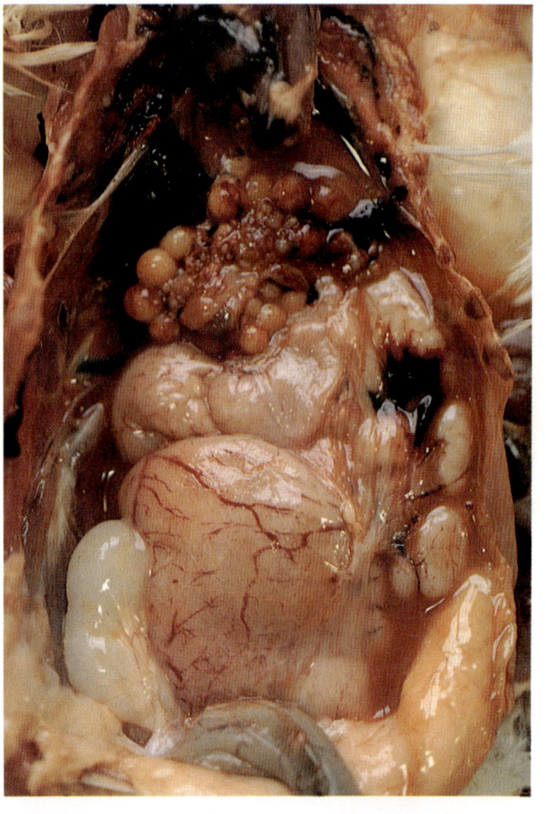

Rudimentärer, zystenförmig entarteter rechter Eileiter (im Bild unten links), im linken Eileiter ist ein fertiges Ei erkennbar.

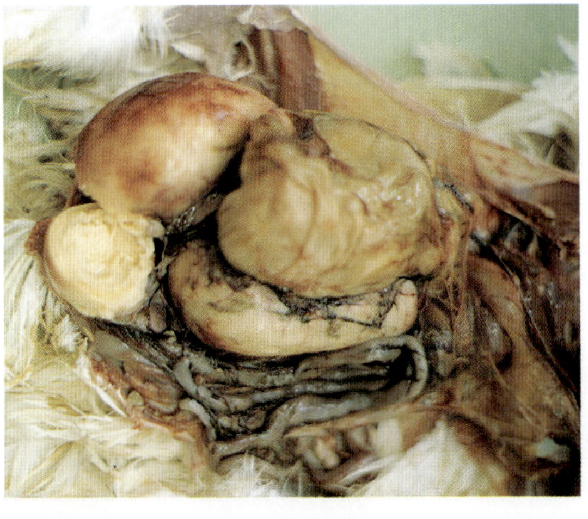

Eileiterentzündung mit Schichteibildung.

her stammt die Bezeichnung **Schichteibildung.** Bei gehäuftem Auftreten kann eine antibiotische Behandlung erforderlich werden. Besser ist es, schwer erkrankte Tiere auszumerzen und zur Vorbeuge die Stallhygiene zu überprüfen. Wichtig ist die Vermeidung von Staubaufwirbelungen und die Reinhaltung der Legenester. Beim Eierlegen stülpt sich das Endteil des Eileiters nach außen und Keime des Legenestes können mit eingesaugt werden. Von der Kloake aus steigt hin und wieder auch ein Spulwurm in den Eileiter und bis ins Innere des werdenden Hühnereies auf, wo er von der sich bildenden Eischale mit eingeschlossen wird.
Sofern infolge einer gestörten Bakterienflora des Darmes lediglich dünnflüssiger Kot zu sehen ist, erübrigt sich in der Regel eine wegen möglicher Rückstände im Ei problematische antibiotische Behandlung. Mit der Umstellung auf eine neue Futterlieferung mit anderer Keimflora verschwindet die Darmerkrankung meist wieder von selbst. In Kleinbeständen kann saure Milch oder Quark verabreicht werden. Bei einzelnen erkrankten Hühnern läßt sich auch etwas Heilerde, krümelig angefeuchtet, unter das Futter mischen. Im übrigen hilft eine regelmäßige Quarzsandgabe auch bei Legehennen Verdauungsstörungen mit der Folge heller Eidotter vorzubeugen (siehe Seite 61). Parasitenbefall ist durch eine Kotuntersuchung abzuklären.

Die kotbeschmutzte Kloake dieser Henne weist auf eine Darmerkrankung hin.

Legenot, Kloakenentzündung

Doppeldottrige, übergroße Eier, Eileitertumore oder Zerdrücken eines fast legefertigen Eies beim Abtasten während der Legetätigkeit zwischen den Schambeinen kann zur Legenot führen. Die Henne ist dann nicht mehr in der Lage, das Ei nach außen zu drücken. Durch Einwirken von Kamillendampf läßt sich das Gewebe im Kloakenbereich entspannen, Eitrümmer müssen mit einer Pinzette vorsichtig entfernt werden. Dann wird der Kloakenbereich mit Borsalbe eingefettet. Bei Kloakenentzündungen bleibt nach Entfernung der Entzündungsprodukte nur der Versuch einer örtlichen Behandlung mit einer antimikrobiellen Salbe.

Hühnertyphus und Salmonellenbefall

(Paratyphus, Paratyphoidkrankheit des Geflügels, Salmonellose)

Salmonella-Keime, die bei Küken die **Weiße Kükenruhr** auslösen (*Salmonella gallinarum-pullorum*, siehe Seite 59), führen gelegentlich auch bei Hühnern zur Erkrankung. Hier wird dann gewöhnlich von **Hühnertyphus** gesprochen. Richtig wäre die Bezeichnung »Paratyphoidkrankheit des Geflügels«. Die Begriffe Typhus und Paratyphus sollten den entsprechenden, aber doch von ganz speziellen *Salmonella*-Typen ausgelösten Krankheiten des Menschen vorbehalten bleiben. Wird der Mensch von anderen als den echten Typhus- oder Paratyphus-Salmonellen betroffen, so wird dafür einfach die Bezeichnung »Salmonellose« gewählt. Auch beim Geflügel kann jede durch Salmonellen ausgelöste Krankheit als Salmonellose bezeichnet werden. Meist bleibt es aber beim Geflügel, sofern es sich nicht um die speziell adaptierten Salmonellen handelt, lediglich beim **Salmonellenbefall** des Darmes, ohne eine Erkrankung, also eine Salmonellose, auszulösen.
Bei der **Paratyphoidkrankheit** des Geflügels haben die Salmonellen die Darmschranke durchbrochen und sind auf dem Blutweg in die verschiedenen inneren Organe gelangt, wobei die verendete

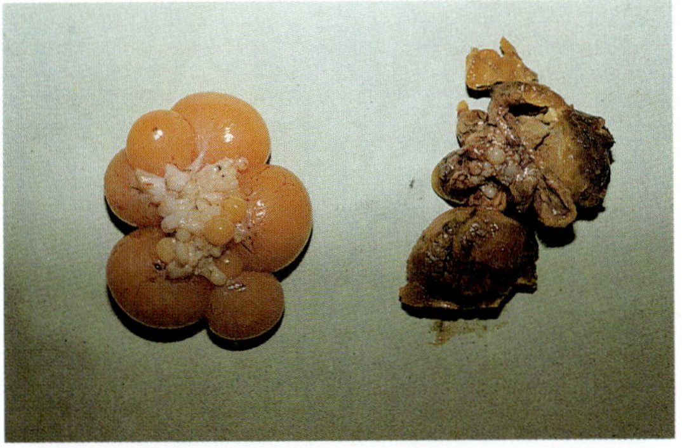

Hühnertyphoidkrankheit (Hühnertyphus). Links im Bild ist ein gesunder Eierstock zu sehen; rechts dagegen handelt es sich um degenerierte Eifollikel.

Henne häufig eine eitrig-fibrinöse Herzbeutelentzündung oder aber nur eine Infektion des Eierstockes zeigt. Bei der erkrankten Henne fällt der dünnflüssige Kot, die Allgemeinerkrankung und der Rückgang der Legetätigkeit auf. Zur genauen Diagnose führt nur die bakteriologische Untersuchung von Darminhalt und notfalls auch von inneren Organen. Da sich der degenerierte Eierstock nicht mehr erholt, sind die Nichtleger aus der Herde zu nehmen. Beim Bestandswechsel ist der Stall gründlich zu desinfizieren, der Auslauf möglichst ein Jahr unbenutzt zu lassen.

Fast problematischer als die Paratyphoidkrankheit ist bei Jungmastgeflügel und Legehennen aber der **Salmonellenbefall** ohne erkennbare Erkrankung. Werden Salmonellen schon von den Mutterhennen über Kontamination der Eischale oder gar des Eidotters dem Embryo mitgegeben, so halten sie sich, wie bei Frühinfektionen während der ersten Lebenswochen, bei einzelnen Tieren manchmal lebenslang, hauptsächlich in den Blinddärmen. In höherem Alter besteht für Hühner eine Ansteckungsgefahr durch Ausscheidungen der Schadnager und Wildvögel, durch kontaminiertes Futter und Trinkwasser oder durch Erregereinschleppung über Haustiere und Personen. Wenn die Salmonellen bei der Haltung der Tiere auf Drahtgeflechten dann auch oft nach wenigen Wochen infolge der an sich hohen Widerstandskraft der Hühner wieder verschwinden, so muß bei Bodenhaltung doch beachtet werden, daß Salmonellen gerade in trockener Einstreu monatelang – bis etwa zu einem Jahr – überleben können. Mit einer Selbstentseuchung ist dann nicht zu rechnen. Im einstreulosen Kot gehen die Salmonellen dagegen infolge ihrer pH-Empfindlichkeit bald zugrunde.

Die **Gefahr** für den Menschen wird aber, abgesehen von Säuglingen und bereits geschwächten Personen, häufig überschätzt. Der Giftstoff der *Salmonella*-Bakterien, das Salmonellen-Toxin, geht nämlich bei Erhitzung zugrunde. Selbst bei den verhältnismäßig widerstandsfähigen *Salmonella-enteritidis*-Keimen reicht eine unmittelbar auf die Bakterien einwirkende und 10 Minuten dauernde Erhitzung auf mindestens 70 °C aus, um Bakterien und Giftstoffe unschädlich zu machen. Bei Lebensmitteln muß diese Temperatur allerdings bis ins Innere des Produktes vordringen. Schlachtgeflügel wird bei sachgemäßer Zubereitung ohnedies ausreichend erhitzt, und Eier sind nur selten mit Salmonellen kontaminiert. Spiegeleier erreichen die notwendige Temperatur durch Wenden und Erhitzen auf beiden Seiten. Ebenso reicht ein 10 Minuten langes Kochen aus, zumal wenn die Eier direkt nach dem Abschrecken, bevor sie verzehrt werden, noch einige Minuten liegen bleiben. Die Geflügelwirtschaft ist bestrebt, mit Hilfe entsprechender Kontrollen salmonellenfreie Eier zu liefern. Neuerdings wird auch versucht, die Gefahren auf dem Verordnungsweg einzudämmen (siehe Seite 117).

Zur Auslösung einer **Nahrungsmittelvergiftung** sind überdies mehrere Hunderttausend bis Millionen Bakterien erforderlich, also Keimzahlen, die in der Regel erst nach fehlerhafter Küchenhygiene und Stehenlassen der Speisen in der Wärme erreicht werden. Aber nur vier Anfangskeime reichen bei einer Temperatur von über 30 °C dann aus, damit sie sich bei einer Teilung jeweils innerhalb von 20 Minuten bis zur 18. Generation in genau 6 Stunden schon auf 1048576 Bakterien vermehrt haben. Bei 10 °C ist die Generationszeit jedoch schon auf etwa 8 Stunden verlängert, und entsprechende Keimzahlen werden erst nach etwa 6 Tagen erreicht.

Bei einer Kühlschranktemperatur von unter 7 °C ist eine Salmonellenvermehrung dagegen praktisch ganz ausgeschlossen. Um ein Vermehren der Salmonellen oder sonstigen Keimen im Inneren des Hühnereies zu verhindern, ist es daher ratsam,

frische Eier sofort nach dem Kauf und bis unmittelbar vor dem Verbrauch, auch wegen der noch an kühlere Temperaturen gewöhnten Staphylokokken, am besten bei 5 °C im Kühlschrank aufzubewahren.
Anschließend an die Kühlung der Eier dürfen diese aber keinesfalls wieder in der Wärme gelagert werden. Die kalte Eischale beschlägt sich sonst mit Feuchtigkeit, was das Eindringen von Keimen, vor allem auch von Pilzen, erst richtig begünstigen würde. Dies ist auch der Grund dafür, daß Eier der Güteklasse A vor dem Verkauf möglichst keinen Kühlschranktemperaturen ausgesetzt werden sollen. Nach der Hühnereier-Verordnung wird die Kühlung erst ab dem 18. Tag nach dem Legen gefordert.
Beschwerden und Brechdurchfall treten beim Menschen meist erst 6 bis 40 Stunden nach der Aufnahme entsprechend kontaminierter Lebensmittel auf, im Gegensatz zu der häufigen Nahrungsmittelvergiftung durch das hitzestabile Staphylokokken-Toxin. Dieses führt schon 2 bis 4 Stunden nach der Aufnahme zu schwerer Übelkeit, wobei das Erbrechen im Vordergrund steht. Der Verlauf ist jedoch in der Regel gutartig, die Beschwerden klingen meist schon nach 1 bis 3 Tagen ab. Die Staphylokokken-Kontamination der Lebensmittel geht im allgemeinen von infizierten Wunden des Küchenpersonals und nicht von Tieren aus.
Wenn ein Hühnerbestand durch bakteriologische Kotuntersuchungen als salmonellenkontaminiert ermittelt wurde, sollte zunächst geprüft werden, ob die Salmonellen nach kurzer Zeit ohne weiteres Zutun wieder verschwunden sind oder ob sich echte Dauerausscheider in der Herde befinden. Bei einem *Salmonella-gallinarum-pullorum*-Befall lassen sich die Bakterienträger durch die Frischblut-Schnellagglutination leicht ermitteln und ausmerzen. Eine nur nach tierärztlicher Anweisung mögliche antibiotische Behandlung hat das Verbot der Abgabe von Eiern an Dritte während der Wartezeit zur Folge.
Namentlich bei reiner Stallhaltung, auch bei der Boxenhaltung auf Drahtgeflechten sowie bei der Haltung in hühnermüden Ausläufen ist es unerläßlich, den Tieren wenigstens wöchentlich einmal etwas Quarzgrit anzubieten.
Die Vermengung von Nahrungsbrei im Muskelmagen mit der Salzsäure aus dem Drüsenmagen, unter Zuhilfenahme des Zahnersatzes »Quarzsteinchen«, trägt dann wesentlich zur Minderung des Haftens aufgenommener Salmonellen bei. Auch beim Menschen führt die Aufnahme einer salmonellenhaltigen Nahrung zusammen mit viel Flüssigkeit eher zur Salmonellenerkrankung, einer »Salmonellose«, als nach der Aufnahme kleinerer Mengen konzentrierter Speisen, wo dann die Magensalzsäure stärker wirken und die Salmonellen abtöten kann. In großen Hühnerbeständen wird leider aus technischen Gründen oft auf das An-

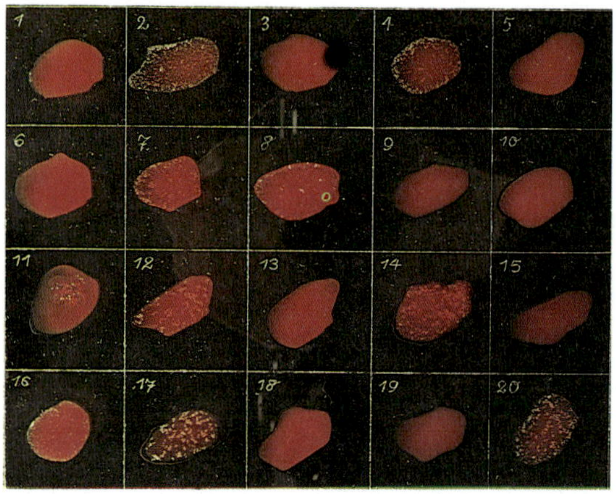

Frischblut-Schnellagglutination zum Nachweis einer *Salmonella-pullorum*-Infektion; abgetötete *Salmonella*-Bakterien verklumpen mit Antikörpern im Blut infizierter Tiere, und es bilden sich kleine weiße Flocken.

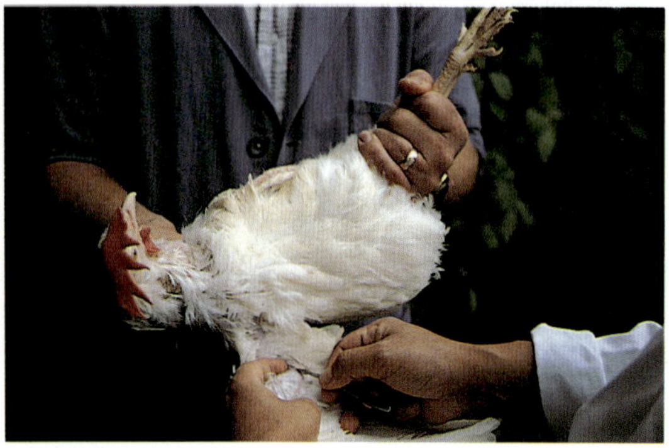

Blutentnahme zum Salmonellen-Schnelltest (Frischblut-Schnellagglutination).

bieten von Quarzsand verzichtet, was sicherlich zu einer Ausbreitung der beim Huhn früher selteneren *Salmonella*-Varianten geführt hat. Hygienische Anforderungen an den Umgang mit Hühnereinern sind aus einer Verordnung vom Mai 1993 zu entnehmen (siehe Seite 117). Die Verordnung hatte zwar nur kurzfristige Gültigkeit, soll dann aber in eine EU-einheitliche Regelung übergehen.

Zur Vorbeuge der *Salmonella-typhimurium*- und *Salmonella-enteritidis*-Infektionen ist nun neuerdings in der BRD auch ein **Impfstoff** zugelassen. Es handelt sich dabei um abgewandelte, aber noch vermehrungsfähige, lebende Salmonellen des *Salmonella-typhimurium*-Typs, deren Antigene, also die Schutzstoffe stimulierenden Bestandteile, sich in zwei von vier Komponenten mit zwei von drei Antigenen auch der *Salmonella-enteritidis*-Variante überdecken. Bei primär salmonellenfreien Küken kann durch die Verabreichung der gefriergetrockneten Keime im Trinkwasser unter Beachtung hygienischer Maßnahmen ein gewisser Erfolg erwartet werden. Der Impfstoff wird vor allem für Elterntiere empfohlen. Trotz Impfung sind Elterntiere aber vor Brutbeginn und fortlaufend auf das Freisein von Salmonellen zu untersuchen, wobei dann Salmonellenträger auszumerzen sind.

Für Kleinbestände dürfte jedenfalls die Kontrolle der Elterntiere und die Verabreichung von Quarzsand zur Förderung der Einwirkung von Magensäure auf alle Salmonellen eine ratsame Vorbeugemaßnahme darstellen.

Geflügelschnupfen
(Coryza contagiosa avium)

Beim Geflügelschnupfen sind primär *Haemophilus-gallinarum*-Keime, sekundär häufig **Mykoplasmen** und *Escherichia-coli*-Keime beteiligt. Dem Krankheitsdurchbruch geht meist eine Schwächung der Widerstandskraft durch feuchtkaltes oder zugiges Stallklima voraus. Die Entzündung der oberen Atemwege zeigt sich vor allem an der Schwellung der Unteraugenhöhlen und Entzündung der Lidbindehäute. Bei Druck auf die Nasenöffnungen lassen sich Schleimtropfen nach außen drücken.

Zur Behandlung können Antibiotika eingesetzt werden. Vorbeugende Impfungen sind möglich, erübrigen sich aber, wenn Vorsorge durch ein optimales Stallklima getroffen wird. Das Besprühen mit jodhaltigen Präparaten und die Verabreichung eines Vitamin A-Präparates erhöht die Abwehrkraft der Schleimhäute. Bei anhaltender Erkrankung führen Sekundärinfektionen zur eitrig-fibrinösen Lungen- und Luftsackentzündung (CRD, siehe Seite 70). Oft kommt es aber allein nach Verbesserung der klimatischen Gegebenheiten zur Selbstheilung. Die relative Luftfeuchtigkeit im Stall sollte bei 65 % bis 70 % gehalten werden. Bei einer Luftfeuchtigkeit ab 75 % nimmt der Gehalt an Ammoniak und sonstigen Schadstoffen so stark zu, daß es auch ohne bakterielle Infektion zu schnupfenartigen Erkrankungen kommt.

Atemwegserkrankungen durch die Reizung der Schleimhäute infolge starker Staubentwicklung nach Ein- oder Umstallung größerer Herden verschwinden in der Regel ebenfalls nach Beruhigung im neuen Stall und Kräftigung durch Vitamingaben, ohne daß eine antibiotische Behandlung erforderlich wird.

Virusinfektion der Atemwege siehe unter Infektiöser Bronchitis, Seite 68.

Geflügeltuberkulose
(*Mycobacterium-avium*-Infektion)

Obwohl der Erreger der Geflügeltuberkulose weltweit vorkommt, ist die **Tuberkulose** des Wirtschaftsgeflügels durch den einjährigen Umtrieb bei Verzicht auf die Auslaufhaltung praktisch verschwunden.

Bei Hühnern ländlicher Hühnerhaltungen wird die Tuberkulose immer noch sehr häufig angetroffen. Da der Erreger der Geflügeltuberkulose sehr leicht auf Schweine übergeht, wird der Kreislauf geschlossen, wenn tote Hühner oder Schlachtabfälle den Schweinen zum Verzehr vorgeworfen werden und wenn später die Hühner wieder die infizierten Abfälle von Schweinen nach Hausschlachtungen erhalten. Auch über Tauben und Wildvögel kann der Erreger eingeschleppt werden. An schattigen Stellen des Auslaufs überleben die Tuberkulosebakterien bis zu drei Jahren. Im Stall

lassen sie sich nur durch spezielle Desinfektionsmittel abtöten (siehe Seite 120).
Obwohl sich der Erreger der Geflügeltuberkulose *(Mycobacterium avium)* deutlich vom Erreger der Tuberkulose des Menschen *(Mycobacterium tuberculosis)* und des Rindes *(Mycobacterium bovis)* unterscheidet, haften die Geflügeltuberkelbakterien gelegentlich beim Rind und, wenn auch selten, bei resistenzgeschwächten Menschen. So hat in den USA die Infektion mit *Mycobacterium avium* neuerdings bei AIDS-Patienten besondere Bedeutung erlangt. Auch Kaninchen erkranken nach der Infektion mit dem Vogeltyp.
Die gegen die Tuberkelbakterien des Menschen erprobten Tuberkulostatika wirken nicht gegen die Tuberkelbakterien des Geflügels. Eine medikamentöse Behandlung der Geflügeltuberkulose ist deshalb bislang nicht möglich. Betroffene Schlachtkörper sind als »untauglich« einer Tierkörperbeseitigungsanstalt zuzuführen, nur einzelne Tierkörper dürfen mindestens 50 cm tief vergraben werden.

Außer durch den Verzehr erregerhaltiger Organe der Schweine oder Schlachthühner erfolgt die **Tuberkuloseübertragung** auch durch die Aufnahme von erregerhaltigem Kot. Zum Haften der Keime sind allerdings hohe Bakterienzahlen erforderlich. Bei der Zerlegung von Hühnern läßt sich immer wieder feststellen, daß Hühner mit Tuberkulose gleichzeitig unter Verdauungsstörungen infolge Steinchenmangel des Muskelmagens leiden, was offenbar das Haften der Tuberkelbakterien begünstigt.
Da die Aufnahme der Erreger vor allem über den Schnabel zustande kommt, zeigen sich die ersten Tuberkel in der Darmwand. Auf dem Blutweg gelangen die Keime dann hauptsächlich in Leber, Milz und Röhrenknochen, in den Lungen werden nur ganz vereinzelt Veränderungen angetroffen. Besonders in der Milz lassen sich die abgegrenzten Tuberkel mit dem trockenkäsigen, gelben, nekrotischen Zentrum ab »Hirsegröße« im Gegensatz zu den durch Zellwucherungen entstandenen Milzvergrößerungen bei der Leukose der Hühner

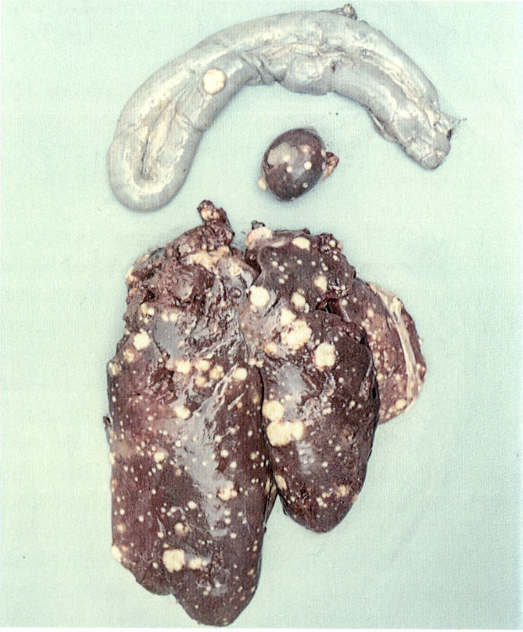

Geflügeltuberkulose. Erstinfektionsherde befinden sich meist im Darm, von dort erfolgt eine Streuung zu Leber, Milz und Knochenmark (= gelbkäsige Nekroseherde).

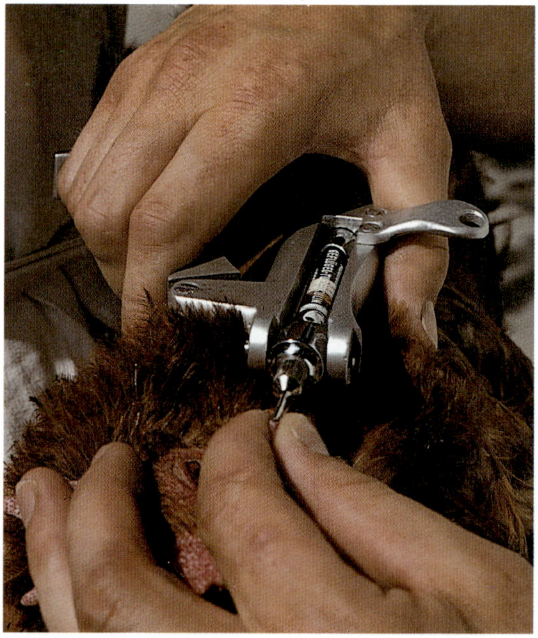

Die Tuberkulinprobe macht man bei Hühnern am Kehllappen.

Positive Tuberkulinprobe im rechten Kehllappen.

leicht identifizieren. Laboruntersuchungen bekräftigen die Diagnose. Die langsam fortschreitende Krankheit führt zum Einstellen der Legetätigkeit und zu starker Abmagerung. Erregerhaltige Eier gibt es daher nur im Anfangsstadium der Krankheit. Plötzliche Todesfälle treten auf, wenn die stark geschädigte Leber einreißt und es zur inneren Verblutung kommt.
Die bei Mensch und Rind zur Diagnosestellung übliche Tuberkulinprobe kann zwar beim Huhn mit Geflügeltuberkulin durch Injektion in die Haut des Kehllappens ebenfalls vorgenommen werden, erfaßt aber nur etwa 40 % der im Bestand infizierten Tiere. Ein Sanierungsprogramm mit Hilfe der Tuberkulinprobe und dem Ausmerzen der Reagenten führt bei der hohen Überlebensrate des Erregers im Umfeld zu keinem Erfolg. Wurde die Tuberkulose beim Schlachten, durch den Tierarzt oder in einem Untersuchungsinstitut festgestellt, so bleibt nur ein totaler Bestandswechsel. Nach Abschlachtung oder Tötung der Tiere ist eine gründliche Stalldesinfektion und bei Auslaufhaltung ein mindestens drei Jahre langer Verzicht auf diese Haltungsform erforderlich.
Das Vorkommen der Geflügeltuberkulose wird in der Liste der meldepflichtigen Krankheiten erfaßt (Seite 115, Meldepflicht für Tierärzte und Institute).

Geflügelcholera
(Geflügelpasteurellose)

Die Geflügelcholera war früher wie die Newcastle-Krankheit und die Geflügelpest anzeigepflichtig, neuerdings ist sie jedoch nur noch in der **Geflügelfleischuntersuchungs-Verordnung,** wie auch die vorgenannte Krankheit, im besonderen aufgeführt. Beim Vorliegen der Geflügelcholera besteht aufgrund dieser Verordnung Schlachtverbot. Wird die Krankheit erst nach der Schlachtung festgestellt, so hat dies die Beurteilung »untauglich der ganze Tierkörper« zur Folge. Die Krankheit führt somit zu erheblichen wirtschaftlichen Schäden. Als bakterienbedingte Krankheit kann die Geflügelcholera zwar chemotherapeutisch behandelt werden, wegen der dabei bis zur Schlachtung einzuhaltenden Wartezeiten führt die Behandlung aber zu zusätzlichen Problemen. Die Cholera bricht nämlich nach Absetzen des Medikamentes nach wenigen Tagen meist erneut durch, und ein zulässiger Schlachttermin ist kaum zu finden. Gefürchtet ist die Geflügelcholera vor allem bei Puten und bei Wassergeflügel. In Hühnerbeständen wurde in jüngster Zeit die Krankheit nicht mehr beobachtet.
Der Erreger, *Pasteurella multocida,* haftet hauptsächlich bei abwehrgeschwächten Tieren, er ist jedoch weit verbreitet. Die Einschleppung in einen Geflügelbestand scheint vor allem über Wildvögel und Katzen zu erfolgen. Wenn der Erreger einmal in die Blutbahn eingedrungen ist, kommt es schnell zu kleinen Blutungen aus allen Blutgefäßen, zur hämorrhagischen Septikämie, und zum plötzlichen Tod der Tiere. Außer den kleinen Blutungsherden fällt manchmal eine blutige Zwölffingerdarmentzündung auf. Im bakteriologischen Kulturversuch läßt sich der Erreger leicht nachweisen, er ist auch bei der mikroskopischen Blutuntersuchung nach einer Färbung erkennbar.
Die medikamentösen Behandlungsversuche sind streng nach Anweisung des Tierarztes vorzunehmen. In bedrohten Putenbeständen und bei Pu-

Fußballenabszesse zwischen den Zehengliedern.

tenelterntieren wird versucht, die Widerstandskraft durch eine Injektionsimpfung zu erhöhen. Wichtig ist die Vorbeuge durch Fernhalten von Haustieren, vor allem der Katzen, sowie durch Maßnahmen, die das Eindringen von Wildvögeln verhindern.

Fußballenabszesse

Zwischen den Zehen von Hühnern und Puten treten gelegentlich geschwulstartige Auftreibungen auf. Es handelt sich dabei um Abszeßbildungen, die anscheinend nach einer von der Zehensohle ausgehenden Infektion zustandekommen.
Beobachtet werden diese Vorkommnisse hauptsächlich nach heißem, trockenem Wetter, wenn die Sitzstangen verkrustet und kantig sind oder wenn die Tiere auf graslosem, trockenem oder steinigem Auslauf gehen. Eine stoffwechselbedingte Schädigung der Sohlenhaut dürfte am Zustandekommen der Infektion beteiligt sein. Der Abszeß läßt sich nahezu schmerzlos mit einem scharfen Messer öffnen, gründlich ausräumen und mit Jodtinktur betupfen. Vermieden werden sollte der Versuch, den Abszeß auszudrücken. Geflügeleiter ist nicht dünnflüssig sondern besteht aus einer käsig-fibrinösen Masse, die nur nach einem Hautschnitt ausgekratzt werden kann. Die Ballenabszesse dürfen aber nicht mit Harnsäureablagerungen in den Zehengelenken verwechselt werden, die bei anhaltender Nierengicht gelegentlich vorkommen (siehe Seite 93).

Vereinzelt vorkommende Krankheiten der Legehenne

Nieren- und Eingeweidegicht

Die Aufnahme einer Nahrung mit hohem Eiweißanteil führt beim Geflügel zu einem ausgeprägten Eiweißstoffwechsel, dessen Endprodukte die unlöslichen Harnsäurekristalle und harnsauren Salze sind. Diese sind in den Ausscheidungen der Vögel als weiß-kreidige, sich deutlich vom Kot abhebende Substanzen sichtbar. Eine weitere Umwandlung zum löslichen Harnstoff, wie bei den Säugetieren, erfolgt nicht. Führen Nierenerkrankungen, angeborenes Fehlen einer Niere oder unzureichende Trinkwasserversorgung zu einer Störung der Harnsäureausscheidung, so sammeln sich die kreidigen Massen im Harnleiter, in den Nieren und den serösen Häuten der Leibeshöhle sowie im Herzbeutel an. Es handelt sich dabei gewöhnlich um Einzelerkrankungen. Ratsam ist jedoch, bei jedem derartigen Todesfall das Trinkwasserangebot zu überprüfen und notfalls zu verbessern.

Nierengicht bei einer Gumboro-Virusinfektion siehe Seite 66.

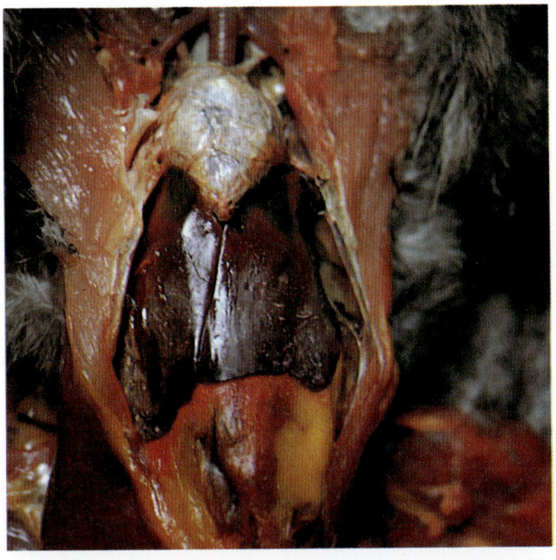

Bei der Eingeweidegicht kommt es zu Harnsäureablagerungen im Herzbeutel und auf der Leber.

Herztod der Hähne und Legehennen

(Kugelherzkrankheit, Enzootischer Herztod)

Ähnlich wie beim Jungmastgeflügel (siehe Seite 62) werden auch bei erwachsenen Tieren unerwartet plötzliche Todesfälle beobachtet. Hier fällt aber bei der Zerlegung auf den ersten Blick das kugelförmig gewordene, ockerfarbene Herz und die starke Blutfülle in den inneren Organen, vor allem in der Leber, auf. Die Kreislauflähmung zeigt sich auch beim lebenden Tier an der Dunkelfärbung des Kammes. Im tierärztlichen Untersuchungsinstitut finden sich Herztod-Tiere unter den eingesandten Hühnern hauptsächlich in den Wintermonaten nach einigen Sonnentagen bei frostigem Wetter. Offensichtlich verlocken solche Tage, sonst in dieser Jahreszeit im Stall gehaltene Hühner wieder einmal in den gefrorenen Auslauf hinauszulassen, was offensichtlich das Auftreten des Herztodes begünstigt. Die Krankheitsursache selbst ist ungeklärt, aber vermutlich tritt eine Störung der Darmflora auf, die zu einer toxischen Schädigung der Herzmuskelfasern führt.

In den geschädigten Muskelfasern lagern sich Fetttröpfchen ein und es bildet sich schnell eine fettige Herzmuskeldegeneration aus, die an dem ockerfarbenen, kugelförmigen Herzen erkennbar ist.

Herztodkranke Henne mit Blutstauung im Kamm.

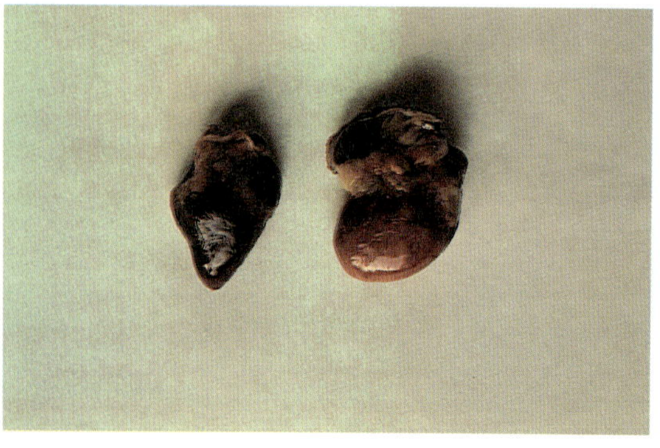

Links: Herz eines herzgesunden Huhns. Rechts: fettig-degeneriertes Herz eines am Herztod gestorbenen Huhns.

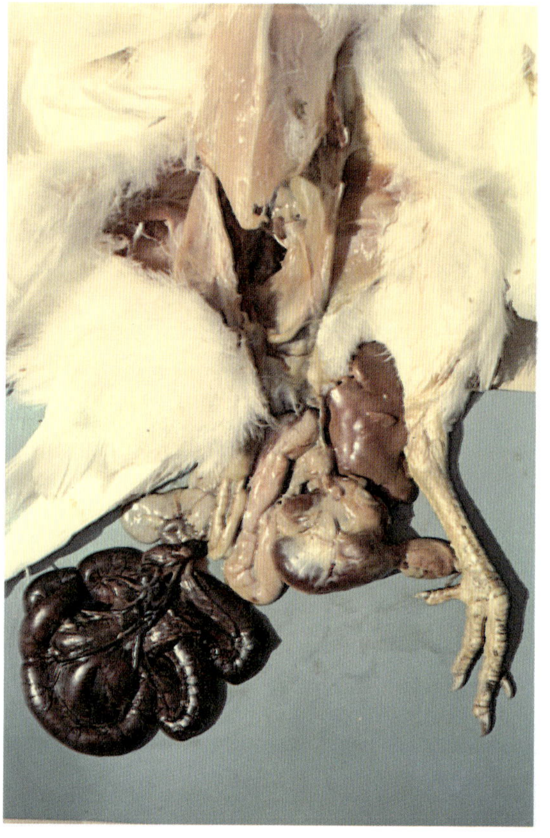

Darmverschlingung (Volvulus). Die abgedrehte und blutgestaute Darmschlinge ist nach außen gelegt.

Todesfälle infolge Verdrängung des Luftsauerstoffes durch **Kohlensäureanreicherung** siehe Seite 98. Eine **Darmverschlingung** (Volvulus) mit Blutstauung in einem Darmabschnitt und plötzlichem Tod tritt nur vereinzelt auf.

Fettlebersyndrom

Als Fettlebersyndrom wird ein Krankheitsbild bezeichnet, das mit plötzlichen Todesfällen infolge einer Ruptur der stark verfetteten, hellockerfarbenen, brüchigen Leber und innerer Verblutung in die Leibeshöhle einhergeht. Manchmal kommt es auch nur zu Blutungen bis unter den serösen Überzug der Leber. Als Ursache werden vor allem Ernährungsfehler, (Fette mit niederkettigen Fettsäuren im Futter), gegebenenfalls in Verbindung mit einer Darmerkrankung, verantwortlich gemacht.

Neuerdings kommt das Fettlebersyndrom infolge der fortgeschrittenen Kenntnisse der Geflügelfütterung nur noch selten vor. Die vom Handel bezogenen Fertigfuttermittel sind jetzt ausgewogen zusammengesetzt. Hilfreich ist eine nur kurzfristige Lagerung des Futters, die Vermeidung von Verdauungsstörungen (Quarzsandgaben) und notfalls die Verabreichung einer nicht mit Wartezeiten verbundenen Arzneimittel-Vormischung, die Cholinchlorid, Methionin, Vitamin E und gegebenenfalls Neomycin enthält.

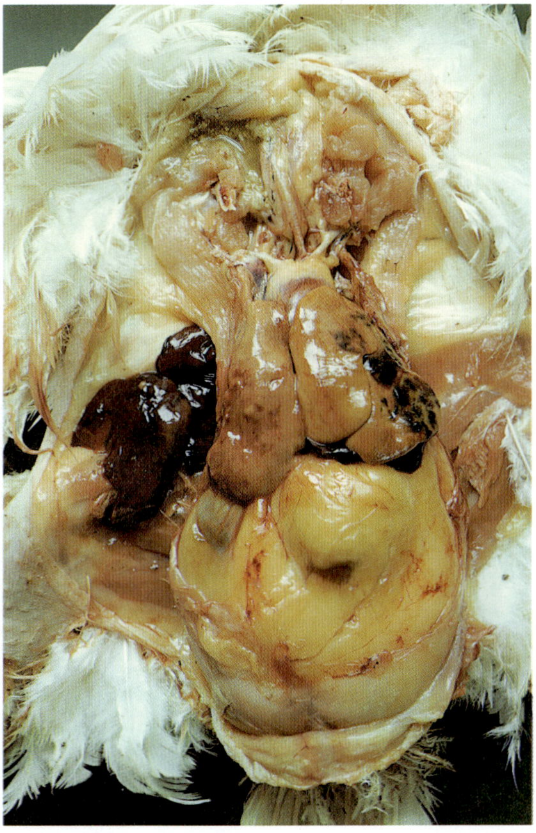

Fettlebersyndrom. Die Ruptur der stark verfetteten Leber führt zu innerer Verblutung.

Knochenerweichung, Käfiglähmung

(Osteomalazie und Osteoporose)

Legehennen benötigen für die Bildung der aus Kalziumkarbonat bestehenden Schale eines Eies etwa 2 g Kalzium. Legehennenfutter sollte deshalb ca. 3 % Kalzium in der Trockensubstanz enthalten. Trotzdem steht während der kurzen Zeit der Schalenbildung aus der Nahrung, resorbiert vom Dünndarm, nur etwa $^2/_3$ des benötigten Kalziums zur Verfügung. Der Rest wird - eine Besonderheit der Vögel - kurzfristig den Markhöhlen bestimmter Knochen, namentlich der Rippen, des Brustbeines, der Beckenknochen und Rückenwirbel, entzogen. Da aber Knochen vorwiegend aus Kalziumphosphat bestehen, bleibt bei deren Abbau der Phosphoranteil übrig und wird mit dem Kot ausgeschieden, – als wertvoller Bestandteil des Guano-Vogeldüngers.

In der Bodenhaltung nehmen die Hühner täglich etwa 20 g Kot und damit Phosphor beim Picken aus der Einstreu wieder auf. Bei der Haltung von Hennen auf Drahtgeflechten bleibt aber die Wiederaufnahme aus. Es kommt zur Entkalkung der Knochen, am geöffneten Tier leicht prüfbar durch einen Versuch, die Rippen zu brechen. Bei Knochenweiche bleiben sie elastisch, während gesunde, harte Vogelrippen sofort knackend brechen. Die Entkalkung (Osteomalazie) der Rückenwirbel führt meist zwischen dem vierten und fünften Brustwirbel, die im Gegensatz zu den vorderen Brustwirbeln nur schwach verwachsen sind, zum Bruch der Verbindungsstelle und dann zur Blutung in den Wirbelkanal. Dadurch kommt es zum Druck auf die Nervenbahnen und somit zur sogenannten Käfiglähmung, einer Erkrankung, die scheinbar haltungsbedingt ist, in Wirklichkeit aber auf eine unzureichende Mineralsalzzufuhr zurückgeführt werden muß. Es fehlt dann vor allem phosphorsaurer Kalk im Futter und an einem optimalen Kalzium-Phosphor-Verhältnis (etwa 2,5:1).

Auch wenn eine Darmerkrankung bei hoher Legeleistung vorliegt, kann trotz genügendem Angebot die Resorption der Mineralsalze nicht ausreichen. Zur Behandlung hat sich die Verabreichung einer Vormischung mit Monokalziumphosphat, Methionin und Vitamin D_3, bei einer Darmerkrankung zusätzlich mit dem im Hinblick auf die Eier wartezeitfreien Neomycin, bewährt. Selbst bereits gelähmte Hennen erholen sich dann, wenn sie einzeln gesetzt werden, nach Resorption des Blutergusses schnell wieder.

Kannibalismus

Wenn sich Legehennen das Federpicken als Untugend einmal angewöhnt haben, sind die Stallgenossen besonders dann gefährdet, wenn sie beim Legen auf ihren Nestern gestört werden. Solange der vorgestülpte Legedarm noch nicht wieder zurückgezogen ist, werden die Nachbarhennen durch die rötliche Farbe zum Anpicken verleitet.

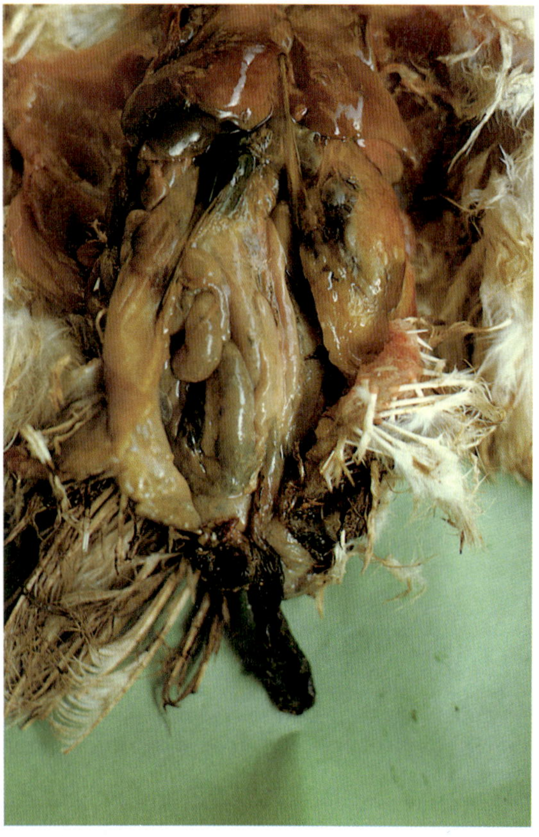

Kannibalismus. Die blutdurchtränkte Zwölffingerdarmschleife wurde vom pickenden Nachbartier nach außen gezogen.

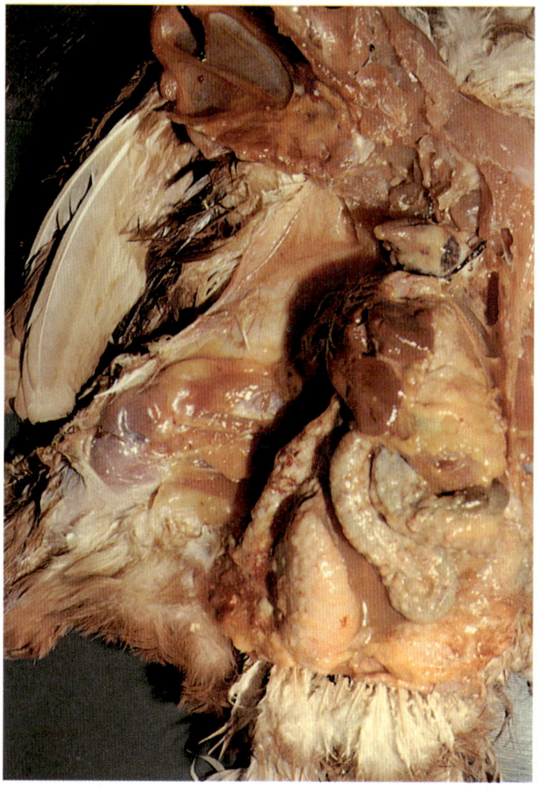

Dieses bösartige Geschwulstleiden geht von der Bauchspeicheldrüse (zwischen der Zwölffingerdarmschleife) aus. In den serösen Häuten der Leibeshöhle befinden sich bereits Tochtergeschwülste.

Schließlich blutet es, und bei weiterem Picken wird manchmal sogar der gesamte Zwölffingerdarm nach außen gezogen, so daß die Tiere verbluten. Geeignete Gegenmaßnahmen sind auf Seite 64 beschrieben.

Gutartige und bösartige Geschwulstleiden

(Tumorerkrankungen, Krebsleiden, Neoplasmen)

Unter der Vielzahl der möglichen Tumorarten des Geflügels treten bei älteren Legehennen am häufigsten vom Pankreas ausgehende Adenokarzinome, gutartige Geschwülste im Eileiter (Leiomyome) und Entartungen des Eierstockes auf. Die Hennen wirken matt, der Kamm bildet sich zurück und die Legetätigkeit wird bald eingestellt. Werden die erkrankten Tiere nicht frühzeitig aus der Herde entfernt, magern sie schließlich stark ab; manchmal ist auch die Leibeshöhle aufgetrieben. Eine vorliegende Bauchwassersucht ist oft schon von außen abzutasten und an der fluktuierenden Flüssigkeit im Inneren diagnostizierbar. Meist handelt es sich um Einzelvorkommnisse innerhalb der Hühnerherde. Onkogene Virusstämme sind häufig Ursache der verschiedenartigen Geschwulstleiden des Geflügels.

Vitamin- und Mineralsalzmangel

Der Vitamin- und Mineralsalzbedarf des Geflügels ist so weitgehend erforscht, daß er in Fertigfuttermitteln stets ausreichend berücksichtigt werden kann. Zu Defiziten kommt es deshalb im allgemeinen nur bei den mit Darmerkrankungen oder Wurmbefall verbundenen Resorptionsstörungen, wobei dann zuerst die Darmerkrankung behandelt werden sollte. **Vitamin A** und Karotin führen anschließend schnell wieder zu gelben Dottern, bei Atemwegserkrankungen stärkt Vitamin A die Abwehrkraft der Schleimhäute. Da jedoch an einer Störung des Vitamin- oder Mineralsalzhaushaltes selten nur ein Vitamin oder ein bestimmtes Mineralsalz beteiligt ist, sollte nach schwächenden Einwirkungen Junghühnern wie auch Hennen ein auf den Bedarf des Geflügels abgestimmtes Vitamin-Mineralsalz-Gemisch oder wenigstens ein

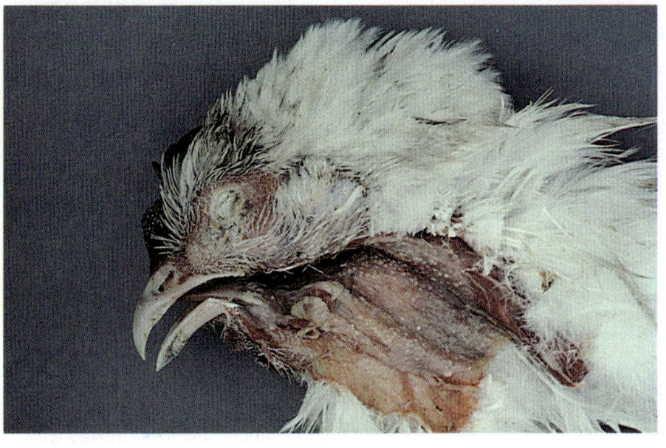

Vitamin-A-Mangel kann zu Schnupfen führen. Dabei entstehen verhornte Drüsenausgänge im Schlund.

Die Enzephalomalazie im Kleinhirn wird durch toxische Fettsäuren verursacht. Die auftretenden Bewegungsstörungen bei den Küken kann man durch Vitamin-E-Gaben vermeiden.

Präparat mit den fettlöslichen **Vitaminen A-D_3-E** gegeben werden. Bei Hühnern, die keine speziell errechnete Futterzusammensetzung bekommen, ist es besser, wöchentlich eine kleine Dosis der Präparatemischung zu verabreichen als gelegentlich eine hohe Dosis als »Vitaminstoß«. Besonders die wasserlöslichen Vitamine des **B-Komplexes** werden kaum gespeichert. **Vitamin C** bilden gesunde Hühner in ausreichender Menge selbst. Lediglich bei Streßsituationen könnte an eine zusätzliche Gabe gedacht werden.

Vitamin-E-Mangel wird oft mit der **Enzephalomalazie** (Gehirnerweichung) der Küken in Zusammenhang gebracht. Es handelt sich dabei aber um eine Schädigung des für die Koordinierung der Bewegungsabläufe zuständigen Kleinhirnes, die durch ungesättigte Fettsäuren aus verdorbenen Fleischmehlen verursacht wird. Vitamin E schützt als Antioxidans vor dieser Schädigung.

Die häufigsten Vergiftungen

Schimmelpilzvergiftung

In Zeiten, in denen die eingeführten Futtermittel noch nicht so intensiv untersucht wurden, kam es gelegentlich, namentlich bei Putenküken, zu einer Schimmelpilzvergiftung. Verursacht wurden diese Erkrankungen durch das Aflatoxin des *Aspergillus flavus,* einem Pilz, der in feucht geernteten Futtermitteln, vor allem im Erdnußschrot bestimmter Herkunftsländer zu finden war. Da giftige, sehr hitzeresistente Stoffwechselprodukte jedoch bei über 200 niederen Pilzarten entstehen können, ist besonders bei unsachgemäß gelagertem Futtervorrat auch weiterhin mit Gesundheitsstörungen infolge der Aufnahme von Pilztoxinen zu rechnen.

Liegt der Verdacht einer Futterschädlichkeit vor, so verschwinden die wenig typischen Schädigungen erfahrungsgemäß aber schnell wieder, wenn auf eine neue, frische Futtercharge gewechselt wird. Selbst die nächste Lieferung derselben Herstellerfirma bringt von den Rohstoffen her eine andere Keimflora mit, die dann auch eine Umstimmung im Darm zu Folge hat. Vorbeugend ist es wichtig, das Futter trocken und nur über eine kurze Zeitspanne hinweg zu lagern (siehe auch Seite 63).

Botulismus

Wenn **Enten** in einem abgestandenen, sauerstoffarmen, warmen (über 20 °C) Teich beim Gründeln und Suchen nach Insektenlarven den Umweltkeim *Clostridium botulinum* und dessen nach außen abgegebenes Botulismus-Toxin aufnehmen, tritt eine Botulismusvergiftung ein. Selten sterben auch **Masthühner** an Botulismus. Es handelt sich dabei in der Regel um den Typ C, der für den Menschen als nicht gefährlich gilt (siehe auch Seite 108). Bei Vorkommnissen im Maststall ist beim Bestandswechsel die Einstreu gründlich zu entfernen und der Stall zu desinfizieren.

Kochsalzvergiftung

Kochsalzvergiftungen mit Nierenschädigungen und gegebenenfalls mit Todesfolge kommen beim Geflügel im allgemeinen nur vor, wenn stark kochsalzhaltige Speisereste bei ungenügender Trinkwasserversorgung verfüttert werden. Schon 4 bis 5 g Kochsalz können dann zum Tode führen. Wichtig ist, daß vor allem bei heißer Witterung, immer genügend Trinkwasser angeboten wird.

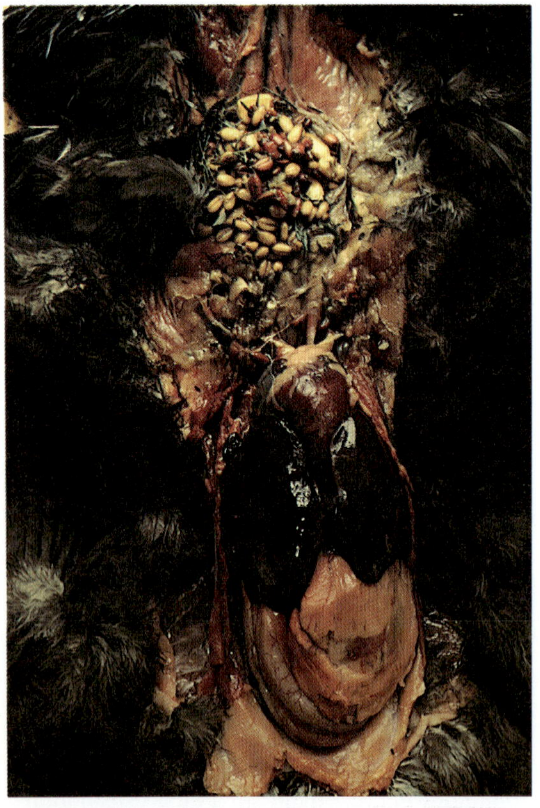

Vergiftung durch Zinkphosphid-haltiges Mäusegiftgetreide, leicht zu erkennen an violett gefärbten Körnern im Kropfinhalt, der Blutstauung in den inneren Organen und dem knoblauchartigen Geruch.

Phosphorvergiftung

Unter den an die tierärztlichen Untersuchungsstellen eingesandten Hühnern gibt es immer wieder einzelne, die infolge einer Zinkphosphid-Vergiftung plötzlich verendet sind. Im Kropfinhalt werden oft nur ganz wenig violettgefärbte Getreidekörner gefunden, Kropf- und Mageninhalt riechen nach Knoblauch und die inneren Organe zeigen eine starke Blutfülle. Mit Zinkphosphid versetztes Getreide wird zur Bekämpfung der kleinen Nager eingesetzt, ist aber hochgiftig für Geflügel. Zur Nagerbekämpfung in Geflügelställen sollten deshalb nur Dikumarin-haltige Präparate an für Geflügel unzugänglichen Stellen verwendet werden. Dikumarin ist für Geflügel nur wenig toxisch.

Aus zolltechnischen Gründen hellrot oder mehr rosa gefärbtes Futtergetreide ist selbstverständlich ungiftig. Von gebeiztem Saatgetreide muß Geflügel aber ferngehalten werden.

Kohlenmonoxidvergiftung und Sauerstoffmangel

Die früher unter den mit Brikett, Gas oder Öl beheizten Kunstglucken bei mangelhafter Luftzufuhr häufig vorkommenden Kohlenmonoxidvergiftungen mit Schädigung der roten Blutkörperchen werden heute bei elektrischer Beheizung nicht mehr beobachtet.

Innerhalb der abgeschirmten Kükenringe kann sich aber bei fehlender Luftbewegung allerdings das von den Tieren bei der Atmung ausgeschiedene Kohlendioxid, das schwerer als der Luftsauerstoff ist, schließlich so anreichern und den Sauerstoff verdrängen, daß es infolge des Sauerstoffmangels zu Todesfällen kommt, obwohl Kohlendioxid selbst bekanntlich gar nicht giftig ist. Die Küken schlafen einfach ohne Schmerzen zu empfinden ein, vergleichbar auch mit dem Herztod der Säuglinge. Mit Kohlendioxid gefüllte Behälter eignen sich daher auch zum tierschutzgerechten Töten aussortierter Hahnenküken.

Vergiftungen durch Arzneimittel, Chemikalien, Mutterkorn oder Kartoffelkeime

Da **Medikamente** zur Behandlung von Geflügelkrankheiten in der Regel über das Trinkwasser verabreicht werden, wird die Dosierung meist in cm^3 oder g je Liter Trinkwasser angegeben. Unabhängig von einer falschen Berechnung mit Überdosierung liegt die Gefahr einer Arzneimittelvergiftung darin, daß bei heißer Witterung mehr Wasser aufgenommen wird als üblich und damit auch eine größere Tagesdosis als vorgesehen. Es darf in diesem Fall, wenn die dem Alter der Tiere erfahrungsgemäß entsprechende Menge des medikierten Trinkwassers (siehe Seite 53) aufgenommen ist, anschließend am selben Tag nur noch arzneimittelfreies Wasser gegeben werden.

Desinfektionsmittel sollten nur im leeren Stall angewandt werden, sofern sie nicht für den Lebensmittelbereich zugelassen sind. Keinesfalls dürfen die schwefelkohlenstoffhaltigen, gegen Parasiteneier wirksamen Präparate in einem besetzten Stall versprüht werden. Wegen der Gefahr einer Leberschädigung hat der Anwender Atemschutz anzulegen. Von sonstigen, hauptsächlich im Außenbereich gebräuchlichen Schädlingsbekämpfungsmittel sind nur Auslaufhühner bedroht. Durch sorgfältigen und gewissenhaften Umgang mit diesen Mitteln lassen sich aber Gesundheitsschäden vermeiden.

Mutterkornhaltiges Getreide, die solaninhaltigen **Kartoffelkeime** oder ungekochte grüne Kartoffeln stellen ebenfalls eine Gefahr dar. Frisch gedroschenes Getreide sollte vor dem Verfüttern abgelagert werden.

Spezielle Putenkrankheiten

Die neugierigen Putenküken kommen auf ihren Betreuer zu.

Zahlreiche Krankheiten der Hühner kommen gleichartig oder ähnlich auch bei Truthühnern, den Puten, vor. Auf einige Besonderheiten soll aber doch hingewiesen werden. Die Impfmöglichkeiten sind auf Seite 55 dargestellt.

Küken- und Jungtierkrankheiten

Frühverluste

Frühverluste beruhen häufig auf einer Schwächung beim Transport oder bei der Einstallung, Vitaminmangel der Elterntiere, Nabelinfektionen oder unzureichender Wasser- und Futteraufnahme. Neben der guten Vorbereitung von Stalleinrichtung und Stallklima ist es wichtig zu wissen, daß die nicht so sehr klugen Putenküken mehr noch als Hühnerküken auf die Hilfe einer Glucke oder eben des Menschen angewiesen sind. Die Neugierde der Putenküken – sie kommen auf ihren Betreuer zu – hilft aber, ihnen Wasser- und Futterstellen zu zeigen. Helles Licht läßt sie das glitzernde Wasser leichter finden. Deshalb hat sich während der ersten 2 bis 3 Tage eine durchgehende Beleuchtung am Tag und in der Nacht bewährt. Überlagertes Futter darf den Küken keinesfalls angeboten werden. Auch bei feuchter Einstreu neigen Küken sehr zur Schimmelpilzerkrankung (Aspergillose). Bei den bis zur neunten Lebenswoche wärmebedürftigen Puten sollte die Temperatur unter den Heizstrahlern in der ersten Lebenswoche 35 °C betragen, in der zweiten 33 °C; dann wöchentlich 3 °C weniger, bis die Umgebungstemperatur erreicht ist. Die Regelung erfolgt durch Höherhängen der Heizstrahler.

Erkrankungen vorwiegend zwischen dem dritten und zehnten Lebenstag

In der Zeit vom sechsten bis zehnten Lebenstag kann es zur Durchseuchung mit **Salmonellen,** zur **Paratyphoidkrankheit** kommen (siehe Seite 59). Möglicherweise haben einzelne Küken die Salmonellen bereits mitgebracht, oder sie sind aus dem Umfeld oder über das Futter eingedrungen, vielleicht aber auch von der vorherigen Stallbelegung übrig geblieben. Vor der Einstallung ist daher die gründliche Desinfektion von Stall, Vorplätzen und Lüftungsschächten und beim Betreten des Stalles der Wechsel von Schuhen und Oberkleidung unerläßlich.

Infektionen mit *Escherichia coli* oder *Pseudomonas*-Bakterien kommen zustande, wenn der Nabel nicht innerhalb von 72 Stunden abgeheilt ist. Die Infektionsgefahr wird bei der Haltung auf Wellpappe mit Hobelspänen aus Weichholz als Einstreu gemindert.

Erkrankungen vorwiegend in der zweiten bis sechsten Lebenswoche

In der zweiten bis sechsten Lebenswoche ist bei Stroheinstreu und versäumten Quarzgritgaben (etwa 2 bis 4 g je Tier ab erster Lebenswoche in ungefähr dreitägigen Abständen) mit **Magenverstopfungen** zu rechnen. Weichholzhobelspäne als Einstreu verhüten dies besser als Stroh.

Bei Verlusten sind am toten Tier stets die Rippen auf das Vorliegen von **Rachitis** zu prüfen: sie dürfen nicht biegsam sein. Notfalls ist ein Vitamin-D_3-Mineralsalz-Gemisch zu verabreichen. Puten benötigen viel Sauerstoff. Auf gute Lüftung ist, trotz des Wärmeverlustes bei zusätzlicher Heizung bis etwa zur siebten Woche, zu achten. Bei gehäuftem Auftreten von **Perosis,** dem Abrutschen der Achillessehne vom Fersenhöcker, und bei allgemeiner Beinschwäche sollte etwas energieärmer gefüttert werden. Tritt **dünnflüssiger Kot** auf, ist

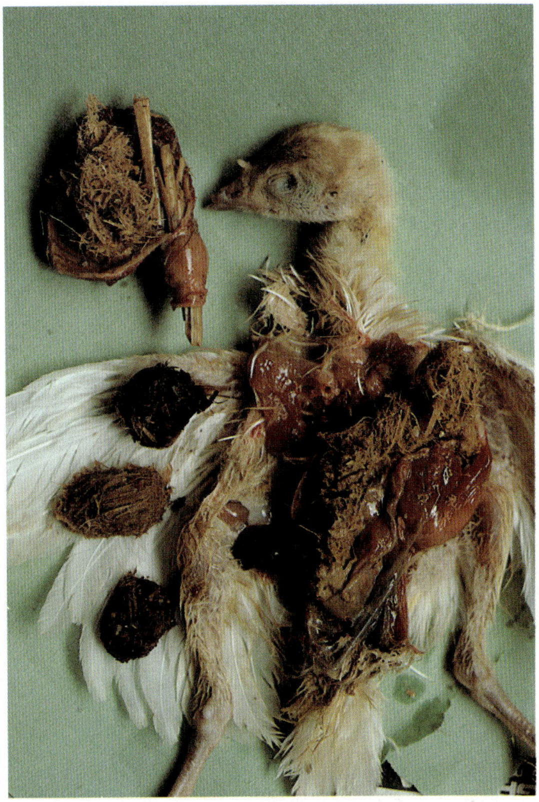

Stroheinstreu kann bei Putenküken zu Magenverstopfung führen. Links Strohknäuel weiterer Küken der gleichen Herde.

ein etwas eiweißärmeres Futter zu geben. Der Verschmutzung der Tränken kann durch Höherstellen oder -hängen begegnet werden. Nur notfalls ist eine antibiotische Behandlung nach tierärztlicher Anweisung einzuleiten.

Hämorrhagische Enteritis

Etwa ab der siebten Lebenswoche, zur Zeit der Futterumstellung auf ein eiweißärmeres Futter, kann eine blutige Darmentzündung (hämorrhagische Enteritis) auftreten. Sie wird durch eine **Adenovirusinfektion** ausgelöst. Bei Fasanen führt das kleine unbehüllte und deshalb in der Umwelt sehr widerstandsfähige Virus zur Marmormilzkrankheit. Auch bei den Puten ist die Milz vergrößert und blaß.

Vorbeugende Impfungen werden bislang nur in den USA vorgenommen. Oft liegt bei den Darm-

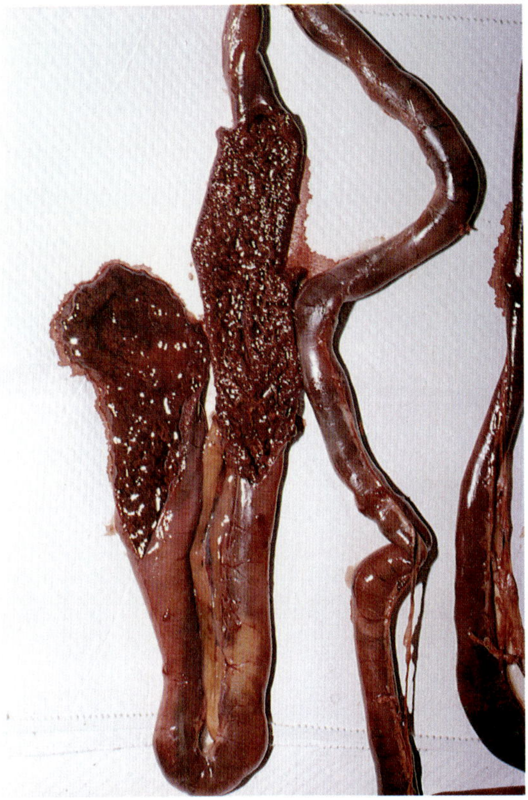

Bei der hämorrhagischen Enteritis der Jungputen kommt es zu Blutungen in das Darmlumen (links Zwölffingerdarmschleife mit dazwischenliegender Bauchspeicheldrüse).

erkrankungen der Puten aber auch nur eine gestörte Darmbakterienflora vor. Künftig sollte dann die Futterumstellung auf das eiweißärmere Futter etwas vorverlegt werden. Nur bei schwerer Erkrankung ist nach Erstellung eines Antibiogrammes das tierärztliche Eingreifen unumgänglich.

Parasitenbefall

Die Futterumstellung trägt auch zum Durchbruch der parasitenbedingten **Kokzidiose** bei. Bei putenmüder Bodenhaltung wurden schon bis zu 60 000 Kokzidien-Oozysten je Gramm Einstreu gezählt! Die Gefahr der Einschleppung der Kokzidien-Oozysten in einen Putenstall oder einzelner Oozysten einer früheren Altersgruppe ist trotz gründlicher Desinfektion des Stalles mit einem parasitenwirksamen Präparat (siehe ab Seite 119) stets gegeben. Kokzidiostatika (Antikokzidia) als Futterzusatz – geregelt über das Futtermittelrecht (siehe Seite 52) – helfen vorzubeugen. Das ist wichtig, weil die tierärztliche Trinkwasserbehandlung bereits erkrankter Tiere oft nicht mehr den gewünschten Erfolg bringt. Es handelt sich bei den Putenkokzidien zwar nicht um dieselben *Eimeria*-Arten wie bei den Hühnern (siehe Seite 31), der Entwicklungszyklus dieser Protozoen und die Widerstandsfähigkeit der Oozysten im Freien ist aber vergleichbar. Insgesamt sind sieben *Eimeria*-Arten bekannt, die sich speziell an die Pute angepaßt haben und keine andere Vogelart befallen.

Spulwürmer und die als **Blinddarmwürmer** bekannten Heterakiden werden in der Bundesrepublik bislang bei Puten kaum angetroffen. Vor allem in den USA denkt man, daß die Heterakiden die Überträger der Histomonaden – der Erreger der Schwarzkopfkrankheit – sind. Die Kaltstallhaltung ab der zehnten Lebenswoche mit trockener Einstreu bei viel Luftzufuhr hemmt das Ausreifen der Parasiteneier. Auch Außenparasiten werden bei Puten selten gefunden.

Atemwegserkrankungen

Ein weiteres Problem bei Puten ist wie bei den Hühnern die Erkrankung der Atemwege. **Mykoplasmen** als Erreger der **Sinusitis,** der Unteraugenhöhlenentzündung der Puten, sind aber bereits weitgehend ausgerottet oder werden schon bei den Elterntieren und in der Brüterei bekämpft. Notfalls hilft später nur eine antibiotische Behandlung über das Trinkwasser oder, bei Einzeltieren die Injektion der Medikamente. Bei bereits eingetretener Vereiterung der Unteraugenhöhle muß der Abszeß sogar mit dem Messer eröffnet und ausgeräumt werden. Fallen beim geschlachteten Tier vereiterte Luftsäcke auf, so zeigt dies wie bei Hühnern das Bild der chronischen Erkrankung der Atemwege **(CRD)** an (siehe Seite 70).

Eine für die Puten typische Atemwegserkrankung ist überdies die durch ein Paramyxovirus verursachte Nasen-Luftröhren-Entzündung **(Turkey Rhinotracheitis, TRT).** Probleme treten nach einer solchen Virusinfektion hauptsächlich bei Konditionsschwäche und zusätzlichen Sekundärinfektionen mit den verschiedensten banalen, allein kaum krankmachenden Bakterien auf. Neuerdings kann zur Vorbeuge geimpft werden (siehe

Atemwegserkrankungen bei Jungputen. Das rechte Tier zeigt die typisch aufgetriebenen Unteraugenhöhlen (Sinusitis).

Seite 55). Erkrankte Tiere lassen sich oft nur durch die gegen die Begleitbakterien gerichtete antibiotische Behandlung retten. Vitamin-A-Präparate erhöhen die Abwehrkraft der Schleimhäute.

Ein **Coronavirus** kann bei Puten zu einer Darmentzündung führen. Das bei Hühnern so gefürchtete Coronavirus der Infektiösen Bronchitis (IB) und das Virus der Aviären Encephalomyelitis lösen bei Puten keine Krankheit aus.

Newcastle-Krankheit und Influenza-A-Virusinfektion

Gegen die **Newcastle-Krankheit** (siehe Seite 81) werden Puten größerer Bestände zwar geimpft, sie sind aber gegenüber dem Newcastle-Virus der Hühner weniger anfällig als diese. Es scheint sich bei den Puten eine gewisse Altersresistenz auszubilden. Andererseits gibt es aber eine Variante des Newcastle-Virus, das Paramyxovirus 3, das vorzugsweise Tauben befällt, aber auch bei Puten eine Erkrankung hervorruft. Der Newcastle-Impfstoff schützt Puten bis zu einem gewissen Grad, die Erkrankung der Atemwege bleibt weitgehend aus.

Außerdem werden bei seuchenhaft erkrankten Puten gelegentlich **Influenza-A-Viren** gefunden, die ihre Wirtsspezifität und krankmachende Kraft leicht wandeln können und von der bis zum Jahre 1925 in Deutschland vorkommenden Hühnerpest bekannt sind. Die Seuchenbekämpfung ist auch bei den Puten unter Einschaltung der Veterinärbehörde entsprechend der Geflügelpestverordnung einzuleiten.

Aortenruptur

Ab der zwölften Lebenswoche treten bei Jungputenhähnen immer wieder plötzliche Todesfälle auf. Bei der Zerlegung der Tiere zeigt sich dann, daß sie infolge eines Risses der **Bauchaorta** mit innerer Verblutung gestorben sind. Offensichtlich führt die beginnende Geschlechtsreife, vor allem wenn weibliche und männliche Puten nicht getrennt gehalten werden, zu Unruhe, Streß und Blutdrucksteigerung – oft gerade bei den am kräftigsten entwickelten Tieren. Trennung der weiblichen von den männlichen Tieren, Abdunkeln des Stalles und das Vermeiden störender Einflüsse kann den Vorkommnissen entgegenwirken. Bei warmer Witterung treten weniger Verluste auf, weil durch die stärker erweiterten Blutgefäße der Blutdruck absinkt.

Putenkrankheiten im höheren Alter

Oft noch im auslaufenden Jungtieralter sind bei Puten zwei seuchenhaft verlaufende Krankheiten besonders gefürchtet, die **Schwarzkopfkrankheit** und die **Geflügelcholera.** Beide Krankheiten führen, wenn sie bei der Untersuchung der Schlachtkörper festgestellt werden, zur Beurteilung »untauglich der ganze Tierkörper«. Geflügelcholera hat sogar bei der vorausgehenden Schlachtgeflügeluntersuchung Schlachtverbot zur Folge.

Schwarzkopfkrankheit

Die Schwarzkopfkrankheit, auch **Blackhead, Enzootische Leber-Blinddarm-Entzündung** oder **Histomoniasis** genannt, wird durch einzellige Parasiten (Protozoen), die Histomonaden *(Histomonas meleagridis),* ausgelöst und führt oft zu zahlreichen Verlusten. Der Erreger ist offensichtlich weit verbreitet und parasitiert auch in anderen Vögeln und in Hühnern. Hühner erkranken jedoch nicht. Als Begleitinfektion wurden Hefepilze gefunden.

Besonders gefährdet sind Puten, die gemeinsam mit Hühnern oder auf vorher von Hühnern begangenen Ausläufen gehalten werden. Größere Putenbestände waren deshalb lange Zeit nur auf großflächigen Maschendrahtgeflechten, ungefähr

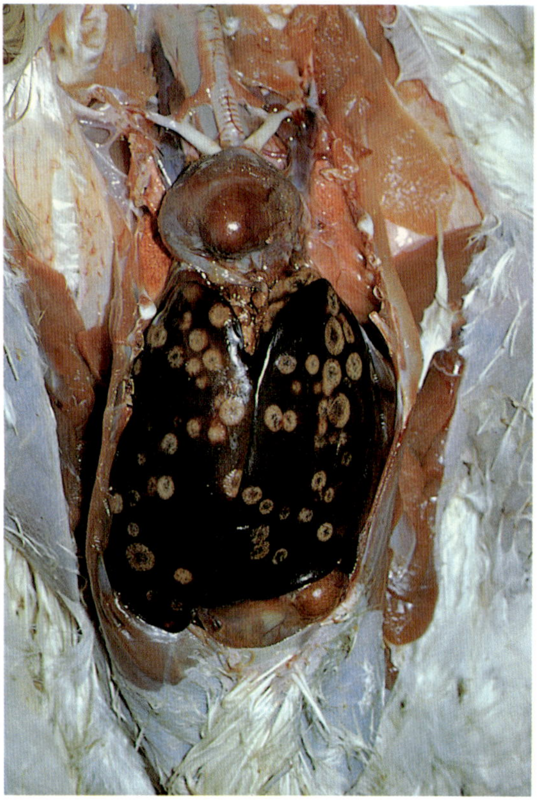

Die ansteckende Blinddarm-Leberentzündung wird auch Schwarzkopfkrankheit genannt. Die Leber zeigt deutlich auffallende, helle, runde Nekroseherde.

Der Erreger setzt sich zunächst in den Blinddärmen fest und führt dort zu einer schweren eitrig-diphtheroiden Entzündung. Die Blinddärme sind mit gelbkäsigen, bröckeligen Massen ausgefüllt. Es wäre also besser, von Blinddarm-Leber-Entzündung zu sprechen als umgekehrt. Für den Laien sind jedoch die sich anschließenden Leberveränderungen auffälliger. Über das vom Darm zur Leber abfließende Blut gelangen die Erreger in die Leber, wo dann runde, trocken-derbe, helle, bis haselnußgroße Nekroseherde im sonst dunklen Lebergewebe deutlich sichtbar sind. Der Begriff »Schwarzkopfkrankheit« kam auf, weil sich die erkrankten, geschwächten Puten durch die eingefallenen Kopfanhänge und die grau gewordene, federlose Kopfhaut, also den dunklen Köpfen, in der Herde deutlich von den gesunden Tieren abheben.

Geflügelcholera

Die zweite bei Puten gefürchtete, seuchenhaft auftretende Krankheit, die bakterienbedingte Geflügelcholera (siehe auch Seite 91), verursacht durch die nach Louis Pasteur benannte *Pasteurella multocida,* ist neuerdings nicht mehr anzeigepflichtig. Das heißt, beim Vorliegen der Geflügelcholera werden von seiten der Veterinärbehörden auch keine besonderen Anordnungen getroffen. Da aber das Vorliegen der Geflügelcholera bei der Schlachtgeflügeluntersuchung nach wie vor zum Schlachtverbot und bei einer Entdeckung

1 m über dem Erdboden, sicher Blackhead-frei zu halten. Obwohl der Erreger im Freien nicht sehr lange überlebt, persistiert er doch in verschiedenen Stapelwirten, beispielsweise im Regenwurm.

Bekannt ist, daß er über die Blinddarmwürmer (Heterakiden) bzw. deren Eier übertragen werden kann. Bei reiner Stallhaltung hat sich deshalb die Haltung auf leicht desinfizierbarem betoniertem Stallboden mit Hobelspäne-Einstreu durchgesetzt. Generell ist die Verabreichung eines Aufzuchtfutters mit einem Futterzusatz gegen die Histomonaden ratsam (siehe Seite 53). Die erst nach Ausbruch der Krankheit tierärztlich angeordnete Trinkwasserbehandlung ist problematisch, da nach Absetzen des Medikamentes oft etwa 11 Tage später die Krankheit neu durchbricht.

Geflügelcholera bei Puten. Beim Übergang der Bakterien in den Blutkreislauf sterben die Tiere so schnell, daß im Stall nur scheinbar noch gesunde und bereits tote Tiere anzutreffen sind.

durch die Geflügelfleischuntersuchung zur Untauglichkeit für den Verzehr führt, ist dieser Krankheit gerade bei den Puten doch größte Aufmerksamkeit zu widmen.
Es ist außerordentlich schwierig, betroffene Tiere mit Hilfe einer chemotherapeutischen Behandlung gesund bis zur Schlachtung durchzubringen. Kurze Zeit nach Absetzen der Therapie treten die plötzlichen Todesfälle meist erneut auf, das Absetzen und Einhalten einer Wartezeit bis zur Schlachtung ist aber wegen der Rückstandsproblematik erforderlich. In einer größeren, einmal betroffenen Putenhaltung ist es deshalb ratsam, nachwachsende Jungtiere und auch Elterntiere einem Impfprogramm zu unterziehen (siehe Seite 55). Ställe, in die weder Wildvögel noch Nager oder Katzen eindringen können, sind bei größeren Herden unerläßlich. Katzen übertragen die Pasteurellen bekanntermaßen beim Biß auch auf den Menschen, was dann zur Wundinfektion mit Phlegmone und Lymphknotenschwellung führt.

Rotlauf

Eine weitere Besonderheit der Puten und Enten ist die Infektion mit den weit verbreiteten und auch bei Schweinen und Mäusen vorkommenden Rotlaufbakterien *(Erysipelothrix rhusiopathiae)*. Vor allem Puter zeigen nach der Infektion Schwellungen des Nasenhorns und des ganzen Kopfbereichs sowie Blutfülle und Blutungen in Haut und Brustmuskulatur. Außerdem fällt dicker Schleim in den Nasenöffnungen und auf den Lidbindehäuten auf. Die Krankheit gilt auch als **Zoonose** und führt deshalb bei der Geflügelfleischuntersuchung zur Beurteilung »untauglich der ganze Tierkörper«.
Der Erreger löst beim Menschen eine Wundinfektion aus, beispielsweise wenn beim Bearbeiten der Schlachtkörper Hautverletzungen an Armen oder Händen vorliegen. Da es sich um eine bakterienbedingte Krankheit handelt, ist eine antibiotische Behandlung bei Puten und Mensch möglich. Putenelterntiere werden üblicherweise geimpft (siehe Seite 55). Der bakteriologische Erregernachweis gelingt besser, wenn noch lebende, kranke Tiere zur Untersuchung gegeben werden, als bei bereits verendeten Tieren. Zur Vorbeuge ist die Bekämpfung der kleinen Nager wichtig; der Kontakt mit Schweinen ist zu meiden.

Seltene Putenkrankheiten

Pseudotuberkulose

Die Pseudotuberkulose wird durch *Yersinia pseudotuberculosis* hervorgerufen und ist also keine echte Tuberkulose, gilt aber ebenfalls als **Zoonose.** Bei der Geflügelfleischuntersuchung führt die Pseudotuberkulose wie auch die Tuberkulose zur Beurteilung »untauglich für den menschlichen Genuß«. Meistens sind von der langsam ablaufenden Krankheit nur einzelne Tiere betroffen; sie zeigen tuberkuloseähnliche, käsig-eitrige bis kirschgroße Nekroseherde in Leber und Milz. Auch beim Menschen treten Leberabszesse oder aber auch eine typhusartige Erkrankung auf. Die Yersinien der Puten sind verwandt mit *Yersinia pestis*, dem Erreger der Pest des Menschen; auch hier dienen Nagetiere als Erregerreservoir. Zur Vorbeuge ist daher die Nagerbekämpfung wichtig.
Eine Behandlung mit Tetrazyklinen kommt meist zu spät, zumal die Diagnose am lebenden Tier durch Erregerzüchtung aus Kot schwierig ist. Mit *Yersinia pseudotuberculosis* infizierte Ratten sind vor *Yersinia pestis* geschützt, was dann die Pestgefahr für den Menschen mindert. Der Name *Yersinia* nimmt Bezug auf Alexandre Yersin, der 1894 in Hongkong den Pesterreger entdeckte.

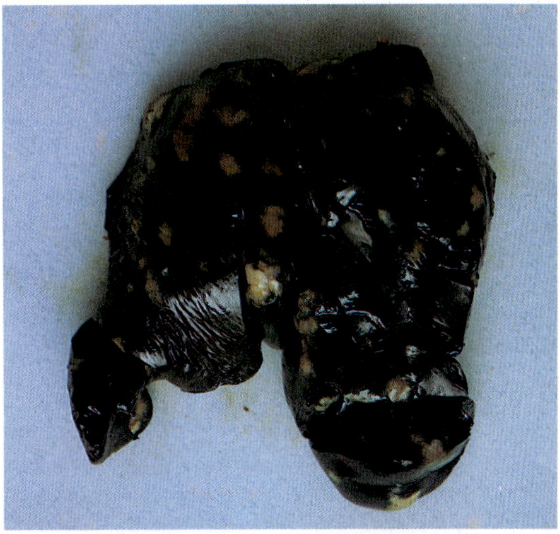

Pseudotuberkulose mit tuberkuloseähnlichen Nekroseherden in der Leber.

Botulismus

Botulismus kann gelegentlich bei mangelnder Einstreuhygiene auch bei Puten vorkommen, ist aber vorzugsweise eine Erkrankung der Enten (siehe Seite 108).

Geschwulstleiden

Bösartige Wucherungen weißer Blutkörperchen ähnlich wie bei der Leukose der Hühner (siehe Seite 80) führen zur **Lymphoproliferativen Krankheit** (LPD) mit vergrößerter, blasser Milz und Todesfällen ab der 16. Lebenswoche. Durch strenge Trennung der Altersgruppen ist der Virusübertragung entgegenzuwirken.

Ornithose

Ornithose ist bei Puten, Enten und Tauben als **Zoonose** anzusehen. Sie führt aufgrund der Geflügelfleischuntersuchungsverordnung bei Bekanntwerden vor der beabsichtigten Schlachtung zum Schlachtverbot. Bei Feststellung nach der Schlachtung hat die Ornithose die Beurteilung »untauglich« für den Verzehr zur Folge. Die Krankheitserreger sind im Mikroskop gerade noch erkennbar. Es handelt sich dabei um die sehr kleine, weit verbreitete und bei vielen Tieren und Vögeln vorkommende Bakterienart *Chlamydia psittaci.*

Obwohl die Chlamydien der Puten und Enten im allgemeinen nicht so gefährlich sind wie die bei Wellensittichen und Papageien vorkommenden Erreger der Papageienkrankheit, wurden besonders beim Personal von Geflügelschlachtereien doch hin und wieder Erkrankungen beobachtet. Beim Geflügel zeigen sich Atmungsbeschwerden, Lidbindehautentzündung, Lungenentzündung und dünnflüssiger, gelblicher Kot sowie beim toten Tier Leber- und Milzschwellung. Es kann aber auch nur zu leichtem Durchfall und bei Legeputen zu einem 10- bis 20%igen Legeleistungsabfall kommen. Der Erreger wird im Kot ausgeschieden und gelangt somit in den Stallstaub, wo er monatelang infektiös bleibt und durch Einatmen neue Infektionen setzt. Nach Bestandswechsel ist daher bei der Ornithose eine ganz gründliche Desinfektion (siehe Seite 119) erforderlich. Die antibiotische Behandlung ist mit Tetrazyklinen und ähnlichen Antibiotika, nicht jedoch mit Penizillinen, möglich und gut wirksam.

Putenherpes-Virusinfektion

Die von einem Herpesvirus bei Hühnern mit Lähmungen und Geschwulstbildung einhergehende Mareksche Krankheit kommt bei Puten in gleicher Form nicht vor. Aus Puten konnte aber ein Virus isoliert werden, das als **Putenherpesvirus** zur Impfung der Hühner gegen die Mareksche Krankheit Verwendung findet.

Geflügelpocken

Kommen wie bei Hühnern gelegentlich auch bei Puten vor. Eine Impfung wird deshalb bei Putenelterntieren empfohlen (siehe Seite 55).

Häufige Krankheiten des Wassergeflügels

Infolge der gegenüber Hühnern andersartigen Lebensbedürfnisse und Lebensweise treten beim Wassergeflügel neben manchen auch beim Huhn vorkommenden Gesundheitsstörungen einige Besonderheiten in den Vordergrund. Von den Parasiten haben fast nur **Magenwürmer** und bei den Gänsen außerdem **Kokzidien** Bedeutung. Spul- und Luftröhrenwürmer werden nicht, Haar- und Bandwürmer (Zwischenwirte Schnecken) sowie Heterakiden und Außenparasiten selten gefunden. Unter den bakterienbedingten Krankheiten spielten **Salmonellose, Geflügelcholera** sowie **Botulismus** und unter den Virusinfektionen bei den Enten ein kleines **Picornavirus** sowie ein **Herpesvirus,** bei den Gänsen ein **Parvovirus** und ein **REO-Virus** eine größere Rolle. Echte **Influenzaviren** adaptieren sich gelegentlich an das Wassergeflügel.

Bei weitgehender Stallhaltung ist das ständige Anbieten von reichlich frischem Trinkwasser in tiefen Gefäßen, die das Eintauchen des Kopfes ermöglichen, äußerst wichtig. Steht einmal kein spezielles Fertigfutter für Wassergeflügel zur Verfügung, kann auch Hühner- oder Putenfutter gegeben werden. Es ist auf jeden Fall darauf zu achten, daß diese Fertigfuttermittel keine Zusätze gegen Kokzidiose oder Schwarzkopfkrankheit enthalten; einige dieser nach dem Futtermittelrecht für Hühner oder Puten zugelassenen Stoffe verträgt das Wassergeflügel nicht gut. Notfalls ist eine spezielle tierärztliche Behandlung einzuleiten.

Die Aufstellung von feinem Quarz- oder Granitsand ist beim Wassergeflügel als Zahnersatz für die Zerkleinerung der Nahrung und Vermischung mit der keimtötenden Salzsäure des Vormagens ebenso notwendig wie bei den Hühnern. Kalkgritgaben sind auch bei Auslauftieren, die wenig Fertigfutter erhalten, sehr wichtig.

Spezielle Entenkrankheiten

Parasitenbefall

Magenwürmer (*Amidostomum anseris* aus der Familie der Trichostrongyliden) sind dünne, rötliche bis 17 mm (männliche) und bis 24 mm (weibliche) lange Würmer, die sich unter der Hornschicht des Muskelmagens und bei Enten auch in der spindelförmigen Erweiterung des Schlundes ansiedeln (ein echter Kropf fehlt beim Wassergeflügel). Schon 14 bis 22 Tage nach Aufnahme der Invasionslarven sind die Würmer geschlechtsreif und leben dann in ihrem Wirt etwa 20 Monate lang. Aus den mit dem Kot abgesetzten Eiern schlüpfen Larven, die im Wasser etwa 12 Wochen überleben; sie können auch an Grashalmen hochkriechen. Der Wurmbefall führt zu Verdauungsstörungen, Würgebewegungen, dünnflüssigem Kot und schließlich zur Abmagerung. Die Bekämpfung gelingt mit Tetrachlorkohlenstoffkapseln oder speziellen Wurmmitteln. Als Vorbeugung sind Jung- und Alttiere streng getrennt und der Auslauf trocken zu halten.

Kokzidien wurden bei Enten bislang nur selten gefunden, eine vorbeugende Behandlung über das Futter ist daher nicht nötig.

Salmonellenbefall

Salmonellose oder einfach Befall mit den in der Umwelt allgegenwärtigen Salmonellen wird bei Enten verhältnismäßig häufig diagnostiziert, vor allem wenn sie Zugang zu verschmutzten Wasserflächen oder Kontakt mit Wildvögeln haben. Salmonellen vermehren sich sogar in eiweißhaltigem Wasser und überleben in der Außenwelt monatelang. Besonders an das Wassergeflügel angepaßt hat sich *Salmonella enteritidis,* die schon von GÄRTNER im Jahre 1888 in Jena anläßlich einer Le-

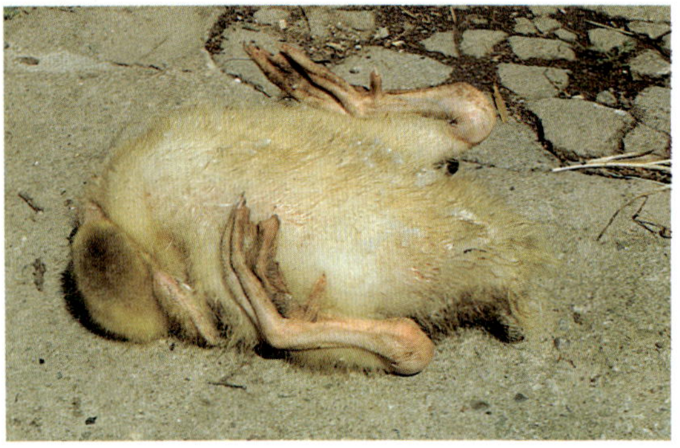

Dieses Entenküken hat sich mit Salmonella enteritidis infiziert.

bensmittelvergiftung entdeckt wurde. Die Salmonellen der Enten haben auch zur Verordnung über Enteneier geführt (Fassung vom 17. 12. 1956 im BGBl. I, Seite 944). Danach sollen Enteneier nicht roh verzehrt werden, sie müssen vor Gebrauch mindestens 10 Minuten gekocht oder in Backofenhitze durchgebacken werden. Grundsätzlich sind Enteneier aber nicht »giftig«, wie in Unkenntnis oft vermutet wird. Das hitzeempfindliche Toxin liegt nur vor, wenn Salmonellen vorhanden waren und sich stark vermehren konnten. In der Regel sind jedoch Enteneier, genau wie die Hühnereier, salmonellenfrei. Durch bakteriologische Kotuntersuchungen läßt sich der Verseuchungsgrad leicht feststellen. Mit einer antibiotischen Behandlung ist aber eine Bestandssanierung meist nicht zu erreichen.

Geflügelcholera

Die Geflügelcholera, durch *Pasteurella multocida* verursacht, verläuft beim Wassergeflügel ähnlich wie bei den Puten (siehe Seite 104), tritt aber erfahrungsgemäß meist nur in Ländern mit kalten Wintern auf. Die Behandlung mit Antibiotika oder Sulfonamiden ist bei noch nicht schwer erkrankten Tieren möglich.

Botulismus

Botulismus **(Limberneck)** kommt bei Enten, Gänsen und Schwänen vorwiegend nach heißen Spätsommertagen vor, wenn sie Zugang zu stehenden, warmen, sauerstoffarmen und dann alkalisch reagierenden Gewässern oder kleinen Gartentümpeln haben. Dort vermehrt sich unter solchen Gegebenheiten *Clostridium botulinum,* ein weltweit im Freien vorkommendes, sporenbildendes und nach der Spindelform benanntes Bakterium. In feuchtem Futter, in Fleischmehlen oder Tierkadavern und Fliegenlarven vermehren sich diese Keime bei Temperaturen über 15 °C. Insbesondere Enten nehmen beim Gründeln die Clostridien und deren nach außen abgegebenes hitzelabiles Toxin auf, das als stärkstes Nervengift anzusehen ist. Dabei handelt es sich in der Regel um den Typ C von *Clostridium botulinum.* Glücklicherweise reagiert der Mensch aber nur auf die Typen A, B, E und F stark, so daß von dem mit Typ C betroffenen Geflügel kaum eine Gefahr für den Menschen ausgeht. Tödlich verläuft beim Menschen vor allem die Aufnahme des Typ-A-Toxins. Die Erkrankung beginnt meist mit Sehstörungen (Doppeltsehen) und Schluckbeschwerden bis zu 8 Tagen nach Aufnahme des Giftes. Gründlich erhitzte Lebensmittel (10 Minuten bei 80 °C) sind unbedenklich, das Gift wird in der Hitze zerstört.

Bei den Typen A und E, die selten beim Geflügel zu finden sind, kommt es im allgemeinen zur Selbstheilung. Durch das **Botulismus-Toxin Typ C** geschädigte Tiere zeigen zunächst gestörte Bewegungsabläufe, vorübergehend stärker, dann wieder weniger ausgeprägte Lähmungen der Flügel- und Beinmuskulatur und schließlich eine schlaffe Halsmuskulatur mit gestrecktem, am Boden liegendem Kopf. Davon ist der englische Krankheitsname »Limberneck« abgeleitet. Auch Durchfall oder Darmverstopfung wird beobachtet, jedoch keine Darmentzündung.

Letztlich nehmen die Tiere wegen der Schlundlähmung kein Futter mehr auf und sterben infolge einer Lähmung der Atemmuskulatur auf dem Bauch liegend mit robbeähnlicher Stellung der Beine. Das Massensterben auf entsprechenden Gewässern hält, wenn kein Witterungsumschlag erfolgt, manchmal bis zu 3 Wochen lang an.

Zur Eindämmung der Verluste sind die an den Teichen oder Stadtseen verendeten Tiere umgehend einzusammeln und zu einer Tierkörperbeseitigungsanstalt zu bringen. Geflügel, das noch frißt, ist – sofern es sich nicht um frei fliegende Enten handelt – in einen Bereich mit frischem Wasser und Futter umzusetzen. Die Injektion von Immunserum kommt in der Regel zu spät; eine antibiotische Behandlung ist nicht angezeigt, da sie gegen das aufgenommene Gift nicht wirkt und die Clostridien beim Zugrundegehen ihre Giftstoffe vollends freisetzen. Wertvolle Einzeltiere, die vom »umgekippten« Biotop eines Gartenteiches bedroht werden, können mit der halben Dosis der Botulismus-C-Adsorbatvakzine für Nerze vorsorglich geimpft werden. Bei größeren Gewässern ist für stärkere Wasserzirkulation oder die Einleitung von kühlerem Wasser zu sorgen. Kleinere Tümpel sollten vorübergehend trockengelegt und entschlammt werden.

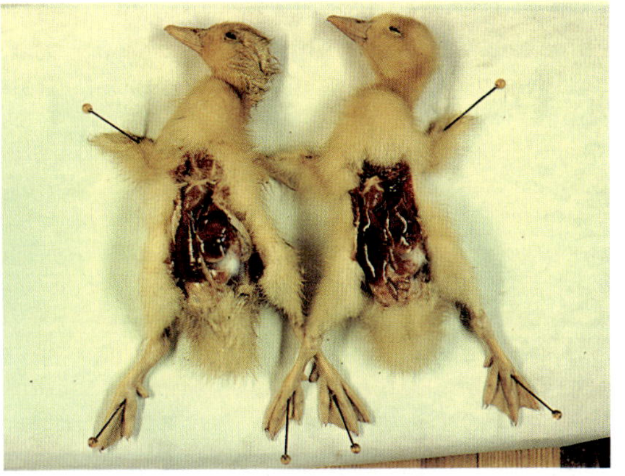

An Entenhepatitis gestorbene Küken.

Ornithose

Die Ornithose hat bei den Enten ähnliche Bedeutung wie bei den Puten (siehe Seite 106) und gefährdet in erster Linie das Schlachtpersonal. Die durch kleinste Bakterien hervorgerufene Infektionskrankheit führt deshalb wie bei den Puten zum Schlachtverbot oder beim geschlachteten Tier zur Beurteilung »untauglich« für den Verzehr. Auch die Enten zeigen nur geringgradig ausgeprägte Krankheitszeichen. Am lebenden Tier fällt meist nur eine Lidbindehautentzündung auf. Tetracycline würden sich zur Behandlung eignen, bedürfen aber nach dem Absetzen einer langen Wartezeit bis zur erlaubten Schlachtung.

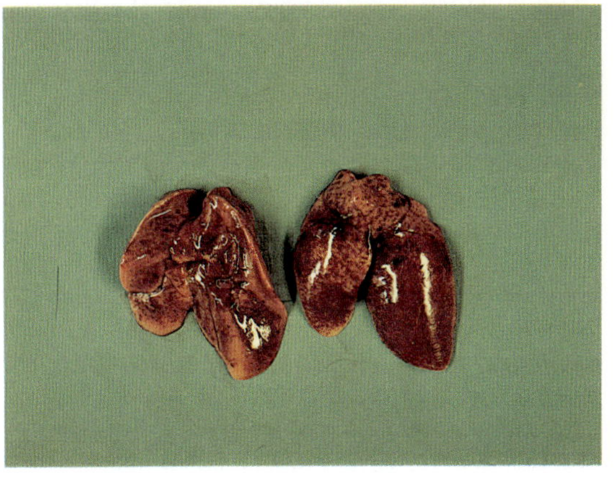

Bei der Entenhepatitis kommt es zur Leberzelldegeneration mit entzündlichen Prozessen.

Rotlauf

Rotlaufinfektionen kommen bei Enten ebenso wie bei den Puten (siehe Seite 105) vor. Der in der Umwelt weit verbreitete Erreger kann, besonders in den Herbstmonaten, zu Verlusten bis zu 25 % führen. Die Krankheitszeichen sind wenig ausgeprägt. Es kommt durch die Bakteriämie zu Blutungen auf dem Herzen und zu fibrinösen Ergüssen in den Luftsäcken. Durch die bakteriologische Untersuchung läßt sich der Erreger nachweisen, so daß eine entsprechende antibiotische Behandlung möglich wird. Beim Umgang mit den Schlachtkörpern besteht für den Menschen die Gefahr einer Wundinfektion.

Entenhepatitis

Die Entenhepatitis ist eine unter domestizierten Enten weltweit verbreitete und mit hohen Verlusten einhergehende Viruskrankheit der Entenküken. Wildenten und Ratten kommen als Überträger in Frage, erkranken aber nach einer natürlichen Infektion nicht. Auch Jungenten im Alter von mehr als etwa 30 Tagen bleiben gesund. In den Entenfarmen ist in älteren Enten demnach das Virusreservoir zu suchen. Seuchenausbreitung und Krankheitsverlauf ähneln also dem Seuchengeschehen der Aviären Encephalomyelitis (AE) des Huhnes. Beide Viruskrankheiten werden auch, wie die Kinderlähmung des Menschen, durch sehr kleine, unbehüllte und daher sehr widerstandsfähige Viren aus der **Picornavirusgruppe** ausgelöst, wobei die fäkal-orale Infektion im Vordergrund steht. So erfolgt auch bei Entenküken die Infektion durch Aufnahme virushal-

tiger Kotbestandteile, wenn nicht bereits eine unmittelbare Weitergabe des Erregers von der Mutterente auf die Küken stattgefunden hat. Dies ist der Fall, wenn die Elterntiere gerade zur Zeit des Bruteilegens durchseuchen. Der Krankheitsdurchbruch bleibt jedoch bei den Küken aus, wenn die Mutterenten mindestens 3 Wochen vor der Legeperiode durchseucht oder geimpft worden sind. Die Küken haben dann Schutzstoffe (Antikörper) über den Eidotter mitbekommen.
Bei den empfänglichen Küken dringt das Virus über den Darm zur Leber vor und verursacht dort schwere Leberschäden. Die degenerierte Leber wird hellockerfarben und zeigt feinste Blutungsherde. Meist schon einen Tag nach Auftreten der ersten Schwächezustände sterben die Küken. Noch nicht betroffene Küken können geschützt werden, wenn ihnen am ersten und zehnten Lebenstag 0,5 ml bis 1,0 ml Serum von durchseuchten oder geimpften Altenten injiziert wird. Besser ist es, die Zuchtenten vor Brutbeginn zweimal zu impfen, so daß dann die Schutzstoffe über den Eidotter ins Küken gelangen. Ein Impfstoff (Hepatovax) wird in Holland hergestellt, die Anwendung in Deutschland muß über die Veterinärbehörde beantragt werden. Mit den beim Menschen vorkommenden Hepatitisviren ist das Entenhepatitisvirus nicht verwandt. Bei den Enten gibt es aber auch ein Virus aus der **Hepadnavirusgruppe,** wozu das Virus der Hepatitis B des Menschen zählt. Es wird jedoch angenommen, daß das Entenvirus den Menschen nicht infizieren kann.
Bei Enten und Gänsen wird dieses Virus vorwiegend über den Eidotter auf die Küken übertragen. Irgendwelche Beeinträchtigungen sind beim Wassergeflügel bislang nicht bekannt.

Entenpest
Die in vielen Weltteilen nachgewiesene Entenpest ist bislang in Deutschland nur ganz vereinzelt aufgetreten. Sie wird durch ein **Entenherpesvirus** verursacht, das bei allen Altersstufen eine Erkrankung auslösen kann. Vorzugsweise werden Stockenten und ihre Züchtungsformen betroffen. In einigen Ländern sind auch Erkrankungen bei Gänsen und Schwänen festgestellt worden. Der Seuchenverlauf ist bei den einzelnen Arten und Rassen des Wassergeflügels unterschiedlich. Erkrankte Tiere zeigen ein gestörtes Allgemeinbefinden, Durchfall und verweigern die Futteraufnahme; sie scheinen schließlich wie gelähmt. Am geöffneten Tier fallen eine brüchige Leber sowie Nekroseherde, also kleine zugrundegegangene Schleimhautbezirke und Fibrinauflagerungen im Verdauungsweg auf, die denen der Newcastle-Krankheit ähneln. Zur Vorbeuge sind in Entenfarmen oder bei Hausenten ebenso strenge allgemeine hygienische Maßnahmen wie bei der Newcastle-Krankheit einzuhalten. Wenn Seuchenausbrüche in der Umgebung vorkommen, sind die Enten von offenen Gewässern fernzuhalten.
In den Niederlanden ist ein Impfstoff (Vaxiduk) verfügbar, der in Deutschland mit besonderer Genehmigung eingesetzt werden könnte. Die Impfung erfolgt dreimal vor der ersten und einmal vor der zweiten Legeperiode. Die Injektion von Immunserum durchseuchter oder geimpfter Tiere bietet nur einen kurzfristigen Schutz.

Newcastle-Krankheit und Influenza-A-Virusinfektion
Das Virus der **Newcastle-Krankheit,** genannt in der »Verordnung zum Schutz gegen die Geflügelpest und die Newcastle-Krankheit«, hat sich speziell an Hühner angepaßt (siehe Seite 81). Wassergeflügel ist zwar auch empfänglich, erkrankt in der Regel aber nicht sichtbar; es muß allerdings als möglicher Virusüberträger Beachtung finden. Obwohl alle Viren der Newcastle-Krankheit einheitlich aufgebaut sind und dagegen auch mit gleichartigen Impfstoffen geimpft werden kann, so ist doch die krankmachende Kraft der isolierten Virusstämme bei den einzelnen Vogelarten unterschiedlich. Impfungen sind beim Wassergeflügel jedenfalls derzeit nicht üblich.
Influenza-A-Virusinfektionen werden dagegen von Viren hervorgerufen, die sich sehr leicht wandeln können und dann plötzlich wieder neue Seuchenzüge in einer gegen diese Abarten nicht geschützten Population auslösen, was von der Influenza-A-Virusgrippe des Menschen allgemein bekannt ist. So tauchen auch beim Wassergeflügel wie bei den Puten immer wieder Influenza-A-Virusinfektionen auf, verursacht durch ein Virus, das sich mehr oder weniger vom Virus der in früheren Zeiten vorkommenden Hühnerpest unterscheidet. Bei seuchenhaftem Vorkommen ist deshalb eine genaue Laboruntersuchung unerläßlich. Die

Seuchenbekämpfung müßte dann, wie bei den Puten, entsprechend der Geflügelpestverordnung erfolgen.

Tollwut
Beim frei laufenden Wassergeflügel ist auch an eine Gefährdung durch tollwutinfizierte Füchse zu denken. Obwohl eine experimentelle Übertragung von **Tollwutviren** auf Geflügel gelingt, wurde bislang nur von ganz wenigen Einzelfällen einer natürlichen Infektion berichtet. Aufgrund der Infektionsversuche wäre mit einer mehrere Wochen dauernden Zeit bis zum Durchbruch von Krankheitserscheinungen zu rechnen. Die infizierten Tiere zeigten mehr Schlaf- als Erregungszustände, viele überlebten die Infektion. Ähnlich wie beim Menschen scheint die Infektkette beim Vogel in der Regel blind zu enden, so daß mit einer Virusweiterverbreitung meist nicht zu rechnen ist. Da aber tollwutkranke Füchse ihre Scheu vor menschlichen Behausungen weitgehend verloren haben, wird dann gelegentlich das frei laufende Geflügel den schwieriger zu fangenden Mäusen als Beutetier vorgezogen.

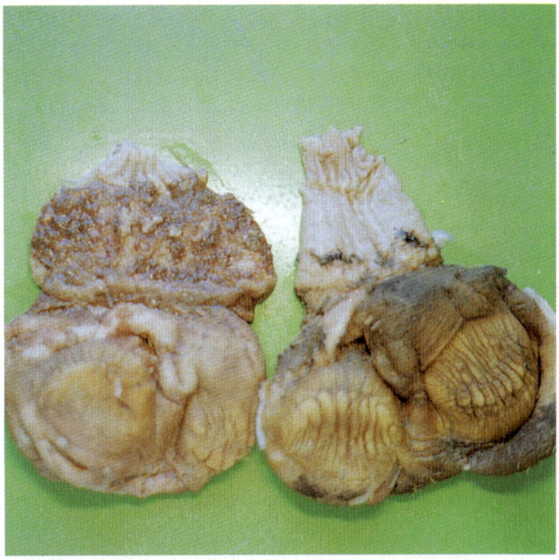

Magenwurmbefall bei Junggänsen. Über das Futter oder durch Eindringen in die Zwischenzehenhäute aufgenommene Larven setzen sich mit Vorliebe am Übergang vom Drüsen- zum Muskelmagen fest, was zur Ablösung der Keratinoidschicht führt.

Spezielle Gänsekrankheiten

Salmonellenbefall, Geflügelcholera, Botulismus, Ornithose, Influenza-A-Virusinfektionen und gegebenenfalls das **Entenpestvirus** kommen auch bei Gänsen vor. Die Krankheiten verlaufen dort ähnlich wie bei den Enten (siehe dort). Auf einige besonders bei Gänsen bedeutungsvolle Krankheiten ist aber gesondert hinzuweisen.

Magenwurmseuche
Der ebenfalls bei Enten (siehe Seite 107) zu findende Befall mit *Amidostomum anseris* kann sich bei Junggänsen so stark auswirken, daß sogar von einer Magenwurmseuche gesprochen wird. Würgeerscheinungen, auffallende Schwäche infolge von Blutarmut und Abmagerung zeigen sich vor allem in den Sommermonaten und sind Zeichen des Wurmbefalls. Altgänse können Dauerausscheider der Wurmeier sein, ohne selbst krank zu wirken. Die im Freien, vor allem im Wasser, lange überlebenden Larven nisten sich dann bei den Junggänsen unter der Hornhaut des Muskelmagens ein und wachsen dort zur Geschlechtsreife aus. Nach Abziehen der Hornhaut sind die rötlichen Würmer mit bloßem Auge deutlich zu erkennen. Spezielle Wurmkapseln dienen zur Wurmbekämpfung. Die Trennung der Altgänse von den Junggänsen beugt dem Parasitenkreislauf vor.

Kokzidiose
Einige *Eimeria*-Arten, die den **Dünndarm** von Junggänsen befallen, sind zwar bekannt, sie spielen aber alle nur eine untergeordnete Rolle. Eine seuchenhafte Ausbreitung, verbunden mit starkem Durchfall, wird selten beobachtet.
Größere Bedeutung hat die **Nierenkokzidiose** der Gänse, verursacht durch *Eimeria truncata.* Betroffen sind Junggänse etwa ab dem zweiten Lebensmonat. Die schweren Nierenschädigungen führen innerhalb weniger Tage zu hochgradigen Schwächezuständen und zum Tod der Tiere. Die Nieren erscheinen dann vergrößert mit umgrenzten kleinen, gelblich-weißen Einlagerungen. Da es Futtermittel mit zugelassenen, geprüften Zusätzen gegen die Kokzidiose der Gänse bislang nicht gibt,

bleibt neben den allgemeinen hygienischen Vorkehrungen und der gründlichen Desinfektion des leeren Stalles mit kokzidienwirksamen Desinfektionsmitteln (siehe Seite 119) vor jeder Neubelegung nur die tierärztliche Behandlung unmittelbar nach Auftreten der ersten Verluste. Weil nicht alle für das Huhn geeignete Präparate auch für Gänse gut verträglich sind, werden zur Bekämpfung meist die beim Huhn nicht mehr üblichen Sulfonamidpräparate eingesetzt.

Derzsysche Krankheit (Parvovirose)
Im Jahre 1974 wurde von der Poultry Science Association vorgeschlagen, die früher mit verschiedenen Namen belegte Gänseseuche zu Ehren von D. Derzsy, der in Ungarn diese Seuche erforschte, **Derzsysche Krankheit** zu nennen. Namen wie Gänsepest, Gänsehepatitis, Virusenteritis sollen nun nicht mehr benutzt werden. Weil die Krankheit von einem kleinen, unbehüllten und in der Umwelt widerstandsfähigen Parvovirus verursacht wird, ist jedoch auch der Ausdruck »Parvovirose« nicht falsch.
Nur Gans und Moschusente sind für das Virus empfänglich. Berichte über diese Virusinfektion liegen vor allem aus Europa, Israel und China vor.
Das Virus führt bei Gänseküken nur bis zum 30. Lebenstag zur Erkrankung; die Krankheitsfälle beginnen meist ab dem achten bis zwölften Lebenstag, der Höhepunkt der Verluste liegt dann zwischen dem zwölften und fünfzehnten Tag. Am lebenden Tier werden neben Verweigerung der Futteraufnahme und allgemeiner Schwäche bei einzelnen Tieren Schleim im Nasenbereich, Atemnot und Durchfall beobachtet. Bei langsamerem Krankheitsablauf kann auch eine Flüssigkeitsansammlung in der Leibeshöhle (Bauchwassersucht) abgetastet werden. Beim toten, geöffneten Tier fallen vor allem die kugelige Form des abgeblaßten Herzens und die hellockerfarbene Leber auf. Besteht bereits Bauchwassersucht, so liegen die Organe in der fibrinhaltigen, sulzigen Masse. Bei den überlebenden Junggänsen bleiben später einzelne im Wachstum zurück, vereinzelt kann auch noch eine Bauchwassersucht festgestellt werden.
Neben den üblichen hygienischen Vorkehrungen der isolierten Aufzucht bietet die zweimalige Injektionsimpfung der Elterntiere vor der ersten Legeperiode mit einmaliger Wiederholung vor der zweiten den besten Schutz der Gänseküken. Der holländische Impfstoff (Palmivax) darf jedoch nur mit besonderer Genehmigung eingesetzt werden. Dem Eidotter mitgegebene Schutzstoffe verhüten dann das Haften des Virus beim Küken. Früher wurde versucht, die Gänseküken durch Injektion von 2 ml Serum durchseuchter Elterntiere zu schützen. Selbst wenn die Serumgabe bereits am ersten Lebenstag erfolgte, konnten aber diejenigen Tiere nicht vor der Krankheit bewahrt werden, die sich bereits im Brutapparat infiziert hatten.

Infektiöse Myokarditis der Gänseküken (REO-Virose)
Auch für die virusbedingte Myokarditis der Junggänse wurde früher der Name »Gänsepest« benutzt, zumal das **REO-Virus** gelegentlich zusammen mit dem Parvovirus der Derzsyschen Krankheit gefunden wurde. Die Fortschritte bei der virologischen Diagnose ermöglichen aber neuerdings eine sichere Abgrenzung beider Gänsekükenkrankheiten. Von der Infektion wird bislang nur aus europäischen Ländern berichtet. Vorwiegend sind Gänsezuchten betroffen. Der Begriff »REO« ist geprägt worden, weil derartige Viren zuerst bei Tieren in den Atemwegen (**R**espiratory) und dem Darm (**E**nteric) als »Waisenviren« (**O**rphan) gefunden wurden, ohne daß eine zugehörige Krankheit bekannt war.
Das Gänse-REO-Virus ist für die Küken nur bis zur dritten Lebenswoche krankmachend. Erste Verluste können etwa ab dem sechsten Lebenstag auftreten. Die Krankheitszeichen ähneln denen der Derzsyschen Krankheit, wobei allerdings ein stärkerer Schleimausfluß aus Schnabel, Nasenöffnungen und Augen auffällt, was zu Schleuderbewegungen des Kopfes führt. Beim geöffneten Tier sind die Herzmuskelerweiterung und die fibrinösen Auflagerungen auf dem Herzen und der degenerierten Leber deutlicher als bei der Derzyschen Krankheit. Da ein spezieller Impfstoff für Gänse noch nicht zur Verfügung steht, sind die Gössel nur nach einer natürlichen, vor der Legeperiode ablaufenden Durchseuchung der Elterngänse geschützt. Den Gänseküken selbst könnte unmittelbar nur ein gewisser Schutz durch die Injektion von 1 ml Serum durchseuchter Tiere gegeben werden. Das Zusammenbringen von Bruteiern ver-

schiedener Herkunft ist vorsichtshalber zu vermeiden. Ob REO-Virusimpfstoffe der Hühner auch Gänse schützen, ist noch nicht ausreichend erprobt.

Vergiftungen

Da Wassergeflügel oft freien Auslauf hat, muß stets mit der Aufnahme giftiger Stoffe gerechnet werden. Ohne nähere Hinweise ist aber der chemische Nachweis außerordentlich schwierig und aufwendig.
Unter den **chemischen Giften** stehen folgende im Vordergrund: **Saatgutbeizmittel, Holzschutzmittel,** imprägnierte **Strohbindefäden, Herbizide, Pestizide** (organische Phosphorverbindungen), synthetisch hergestellte **Mineraldünger, Nagergifte** (Rodentizide) und, gelegentlich bei Enten, verstreute **Schrotbleikugeln,** die sie mit Steinchen verwechseln und schlucken. Im Bereich von Kraftwagenwerkstätten kam es auch schon zu Vergiftungen durch die Aufnahme von **Frostschutzmitteln.**
Entsprechende Umsicht hilft derartigen Gefahren entgegenzuwirken. Zur notwendigen Bekämpfung der mit Krankheitskeimen behafteten Ratten und Mäuse sind an für Geflügel unzugänglichen Plätzen, wie bei der Hühnerhaltung, die Präparate auf Hydroxykumarinbasis vorzuziehen. Diese Mittel sind für Hausgeflügel weniger gefährlich als der nach Knoblauch riechende und zu plötzlichem Tod führende **Zinkphosphid-Giftweizen.** Katzen als Mäusefänger können Krankheitskeime, beispielsweise *Pasteurella multocida,* auf das Geflügel übertragen.
Das frei laufende Wassergeflügel ist aber besonders durch **pflanzliche Gifte** bedroht. Hauptsächlich handelt es sich um Alkaloide, die bereits in kleinsten Dosen toxisch wirken. Nadeln und Samen der **Eibe** *(Taxus baccata)* führen durch das Gift Taxin besonders bei Gänsen zu Erbrechen, Durchfall und, wie bei Pferd und Kaninchen, zum Tode. Junge Triebe von **Spitzahorn** *(Acer platanoides)* verursachen mit ihren Alkaloiden und toxischen Aminosäuren bei Enten Taumeln und Tod innerhalb weniger Stunden. Beim **Goldregen** *(Laburnum anagyroides)* sind es vor allem die cystisinhaltigen Hülsen abgefallener Schoten, die für Enten und Gänse giftig sind. Unreife Früchte des auf Äckern und in Gärten vorkommenden **Gefleckten Schierlings** *(Conium maculatum)* rufen mit dem Gift Coniin Erbrechen und aufsteigende Lähmungen, schließlich auch des Atemzentrums hervor. Durch die Aufnahme von **Tollkirschen** *(Atropa bella-donna)* wurden bei Enten Atropinvergiftungen festgestellt. Das in **Rizinusbohnen** *(Ricinus communis)* enthaltene Öl ist infolge des Ricins ungekocht giftig für Enten und Gänse. Es führt zu blutiger Magen-Darm-Entzündung. Bestimmte Fettsäuren im **Rapssamenöl** können bei Enten zu einer bis zu drei Monaten dauernden Erkrankung und im Ernstfall mit Todesfolge führen. Leberschäden löst das Alkaloid von **Greiskrautarten** (*Senecio* spp.) bei Enten aus. Da das **Schwarze Bilsenkraut** *(Hyoscyamus niger),* das früher an Wegerändern und auf Schutthalden anzutreffen war, ebenso wie der **Breite Schöterich,** auch Gänsepest genannt *(Erysimum crepidifolium),* in jüngster Zeit fast verschwunden sind, treten Vergiftungen mit diesen Pflanzen kaum mehr auf. Eher ist in heißen Sommermonaten im Wasser von Teichen noch mit **Algengiften** zu rechnen, die bei Enten ähnliche Lähmungserscheinungen auslösen, wie sie vom Botulismus bekannt sind.

Wichtige gesetzliche Bestimmungen in der BRD

Auch bei der Geflügelhaltung sind zahlreiche gesetzliche Bestimmungen zu beachten. Ziel ist dabei

- die Kontrolle der Tierseuchen,
- der Schutz des Lebens und Wohlbefindens der Tiere und
- das Abhalten von Gefahren für den Menschen, die von den vom Tier stammenden Lebensmitteln ausgehen können.

Nachstehend wird auf einige wichtige Bestimmungen hingewiesen. Literaturhinweise für weitere Aufklärung sind angegeben.

Tierseuchengesetz (TierSG)

in der Fassung vom 22. 02. 1991, veröffentlicht im Bundesgesetzblatt (BGBl. I Seite 482).

In diesem Gesetz sind Regelungen getroffen zum Schutz vor Tierseuchen bei der Einfuhr, Durchfuhr und Ausfuhr, zur Bekämpfung von Tierseuchen, auch auf Ausstellungen, Tiermärkten und Schlachthöfen, sowie zur Entschädigung für Tierverluste. Nach einer zusätzlichen Verordnung vom 23. 05. 1991 (BGBl. I Seite 1178) sind von den beim Geflügel vorkommenden Krankheiten derzeit Geflügelpest, Newcastle-Krankheit, Psittakose und Tollwut **anzeigepflichtig.** Größere Bedeutung haben bei Hühnern, Puten und Wassergeflügel aber nur **Geflügelpest** und die **Newcastle-Krankheit.** Hierzu sind in einer weiteren **Verordnung vom 26. 07. 1985** (BGBl. I Seite 1624) besondere Regelungen zur Vorbeugung und Bekämpfung dieser Seuchen festgelegt – unter anderem mit der Verpflichtung der Hühnerhalter, Bestände mit mehr als 200 Hühnern einer laufenden Schutzimpfung gegen die Newcastle-Krankheit mit genau bestimmten Impfstoffen zu unterziehen.

Beachtet werden muß außerdem, daß nach dem Gesetz alle mit der Aufsicht über die Tiere beauftragten und alle beruflich mit den Tieren arbeitenden Personen den Seuchenausbruch und sogar schon den Seuchenverdacht beim staatlichen Veterinäramt, bei Gemeinde oder Polizei anzuzeigen haben. Die Einleitung weiterer Maßnahmen übernimmt dann das staatliche Veterinäramt.

Im einzelnen sind jedoch für den Tierbesitzer folgende Paragraphen der **Geflügelpest-Verordnung** wichtig: § 5 sagt aus, daß die Impfungen gegen die Geflügelpest verboten, aber gegen die Newcastle-Krankheit erlaubt sind, jedoch nur mit inaktivierter Vakzine oder den noch vermehrungsfähigen, aber abgeschwächten Impfvirusstämmen Hitchner B_1 oder LaSota. Impfungen dürfen von der zuständigen Behörde aber auch angeordnet werden. Nach § 6 ist die Verfütterung unbehandelter (unerhitzter) Geflügelabfälle verboten. In § 7 ist die Impfpflicht für Bestände mit mehr als 200 Hühnern festgelegt; für Bestände mit weniger Tieren besteht sie nur nach besonderer behördlicher Anordnung. § 9 fordert Schutzmaßregeln bereits bei Seuchenverdacht, also vor der amtlichen Feststellung der Seuche, und zwar Absonderung der betroffenen Tiere und keine Entfernung von Tieren aus dem Bestand. Die Schutzmaßregeln nach der amtlichen Seuchenfeststellung stehen in den Paragraphen 10 bis 15 (öffentliche Bekanntmachung, Stallsperre und vorsorgliche Desinfektionsmaßnahmen, eventuell Tötung des Bestandes bei Vorliegen der Newcastle-Krankheit, Pflicht zur Bestandstötung bei Geflügelpest). Die Paragraphen 17–18 regeln die amtliche Beobachtung und Desinfektion, § 20 legt fest, wann die Maßnahmen aufgehoben werden, und § 21 erlaubt die Anwendung

der Maßnahmen auch bei Papageien, Sittichen und Wildvögeln.
Die **Tierimpfstoff-Verordnung** vom 02. 01. 1978 (BGBl. I, Seite 15), geändert am 12. 04. 1984 (BGBl. I, Seite 624), auf dem Tierseuchengesetz fußend, regelt die Zulassung von Impfstoffen und die Anwendung bei Tieren durch den Tierarzt.

Verordnung über meldepflichtige Tierkrankheiten

in der Fassung vom 09. 08. 1983
(BGBl. I, Seite 1095)

Außer den anzeigepflichtigen Tierseuchen gibt es in den tierseuchenrechtlichen Vorschriften auch **meldepflichtige** Tierkrankheiten. Die Meldung soll aber zunächst lediglich zur Aufklärung über die entsprechenden Krankheitsfälle in den Tierbeständen dienen, um bei bedrohlichen Ausmaßen möglicherweise doch staatliche Vorschriften zur Bekämpfung erlassen zu können. Zur Meldung der in der Verordnung über meldepflichtige Tierkrankheiten aufgeführten Erkrankungen ist jedoch nur der tierärztliche Personenkreis verpflichtet. Für den Geflügelhalter ist es aber wissenswert, welche Krankheiten von staatlicher Seite für besonders schwerwiegend erachtet werden. Beim Geflügel sind es folgende Krankheiten: Gumboro-Krankheit, Infektiöse Laryngotracheitis des Geflügels (ILT), Mareksche Krankheit (akute Form), Ornithose (außer Psittakose), Tuberkulose des Geflügels und Vogelpocken.

Tierkörperbeseitigungsgesetz (TierKBG)

in der Fassung vom 02. 09. 1975
(BGBl. I, Seite 2313, 2610)

Der Geflügelhalter muß wissen, daß verendetes Geflügel wie auch als »untauglich zum Genuß für den Menschen« beurteilte Tierkörperteile so wie sonstige Nutz- und größere Haustiere Tierkörperbeseitigungsanstalten zuzuleiten sind. Lediglich »einzelne Tierkörper« vom Geflügel dürfen auf eigenem Gelände mindestens 50 cm tief vergraben werden.

Tierschutzgesetz

in der Fassung vom 20. 08. 1990
(BGBl. I, Seite 1762)

Obwohl das Tierschutzgesetz zuletzt erst im Jahre 1990 geändert wurde, wird seit 1992 schon wieder über neue Änderungsvorschläge diskutiert. Angestrebt wird stets, die Bedürfnisse des Tieres möglichst weitgehend zu erfüllen und bei der Tierhaltung Leiden oder Schäden zu vermeiden. So steht auch im § 1 des Tierschutzgesetzes: »Das Tierschutzgesetz dient dem Schutz des Lebens und des Wohlbefindens der Tiere. Niemand darf einem Tier ohne vernünftigen Grund Schmerzen, Leiden oder Schäden zufügen.«
Im einzelnen ist aufgrund des Tierschutzgesetzes zu beachten, daß ein Wirbeltier nur unter Betäubung oder sonst – soweit nach den gegebenen Umständen zumutbar – nur unter Vermeidung von Schmerzen getötet werden darf. Eintagsküken können also in einem mit Kohlensäure gefüllten Behälter betäubt und auch getötet werden. Schmerzhafte Eingriffe an einem warmblütigen Wirbeltier dürfen nur nach einer vom Tierarzt vorgenommenen Betäubung durchgeführt werden. Ausgenommen ist das Kürzen von Hornteilen des Schnabels bei Geflügel und das Absetzen des letzten Gliedes der inneren Zehe bei Masteintagshähnchen zur Zucht, dies während des ersten Lebenstages.

Hennenhaltungsverordnung

in der Fassung vom 10. 12. 1987
(BGBl. I, Seite 1622)

Das Halten von Geflügel in Boxen auf Drahtgeflechten ist bislang im Tierschutzgesetz nicht verboten. Wegen der großen hygienischen Vorteile im Hinblick auf die geringere Gefahr der Übertragung von Krankheitserregern, beispielsweise auch der Salmonellen, dürfte sich ein EU-einheitliches Verbot auch nicht durchsetzen lassen. Hinzu kommt,

daß bei einer Haltung auf Drahtgeflechten ein rückstandsrelevanter Arzneimitteleinsatz praktisch nicht erforderlich ist und deshalb wegfällt. Aufgrund einer EG-Richtlinie und einer Empfehlung des Europarates konnte aber doch im nationalen Recht eine Verordnung zum Schutz von Legehennen bei Käfighaltung (Hennenhaltungsverordnung) erlassen werden.
Um irgendwelchen Ordnungswidrigkeiten zu entgehen, ist es für jeden Tierpfleger, der Hennen auf Drahtgeflechten hält, ratsam, sich die zehn Paragraphen umfassende Verordnung zu beschaffen. Unter anderem sind in der Verordnung Daten angegeben zur Bodenfläche (450 cm^2 je Henne, bei einem Durchschnittsgewicht von mehr als 2 kg 550 cm^2), zur Höhe der Drahtbox (40 cm über 65 % der Bodenfläche, nirgends weniger als 30 cm), zur Überwachung, zur Beleuchtung (täglich höchstens 16 Stunden), zum Stallklima, zur Fütterung und Pflege sowie zur Überwachung und Pflege der Anlagen. Ab 1 000 Legehennen hat der Tierhalter überdies Aufzeichnungen über die Leistungen der Tiere, über das Ergebnis der täglichen Überprüfung sowie Zahl und Ursache von Tierverlusten zu machen. Die Überwachung erfolgt durch die zuständige Veterinärbehörde.

Gesetz zur Neuordnung des Arzneimittelrechts

mit dem Gesetz über den Verkehr mit Arzneimitteln (Arzneimittelgesetz) vom 24. 08. 1976 (BGBl. I, Seite 2445), zuletzt geändert durch die Verordnung vom 18. 12. 1990 (BGBl. I, Seite 2915)

Im Arzneimittelgesetz, den weiteren Ergänzungen und zusätzlichen Verordnungen sind u. a. Regelungen getroffen zur Zulassung von Arzneimitteln, zur Apothekenpflicht, zur Verschreibungspflicht und zur Anwendung von Arzneimitteln, die zur Anwendung bei Tieren bestimmt sind, die der Lebensmittelgewinnung dienen. Die Angabe von Wartezeiten nach Anwendung der Arzneimittel ist vorgeschrieben.

Gesetz zur Gesamtreform des Lebensmittelrechts

mit dem Gesetz über den Verkehr mit Lebensmitteln, Tabakerzeugnissen, kosmetischen Mitteln und sonstigen Bedarfsgegenständen (Lebensmittel- und Bedarfsgegenständegesetz) 15. 08. 1974 (BGBl. I, Seite 1945)

Arzneimittel- und Lebensmittelgesetz dienen dem Wohl des Menschen. So wurden auch Vorschriften des Arzneimittelgesetzes in das Lebensmittelgesetz mit eingeflochten. Nachstehende Übersicht gibt einen Einblick in die wesentlichen Paragraphen, die auch bei der Abgabe von Geflügelprodukten an Dritte beachtet werden müssen.

Übersicht über einige für Geflügel wichtige Bestimmungen des Lebensmittel- und Bedarfsgegenständegesetzes (LMBG) vom 15. August 1974, die Gesundheit betreffend:

§ 8: Verbote zum Schutz der Gesundheit; Herstellung, Behandlung, Inverkehrbringen verboten, wenn Verzehr geeignet ist, die Gesundheit zu schädigen (Verstöße strafbewehrt!);
§ 9 und weitere Paragraphen:
Ermächtigungen für Rechtsverordnungen zur Verhütung einer Gefährdung der Gesundheit, z. B. Entenei-VO, Eiprodukte-VO (Flüssigei usw. darf nur nach ausreichender Vorbehandlung bei der gewerbsmäßigen Herstellung von Lebensmitteln verwendet werden, Verstöße strafbewehrt, Ausnahme in demselben Betrieb);
§ 14 Abs. 2 Nr. 1, § 15 Abs. 3 Nr. 1 LMBG sowie § 6 Abs. 2 DDT-Gesetz:
Ermächtigungen für Pflanzenschutzmittel-Höchstmengenverordnung; Höchstmengen sind auch für Eier und Eiprodukte festgesetzt;
§ 14 Abs. 1 LMBG: Verbot des Inverkehrbringens bei Überschreiten der Höchstmengen (Verstöße strafbewehrt!);
§ 15 Abs. 1 LMBG:
Verbot des Inverkehrbringens von Lebensmitteln, in oder auf denen Stoffe mit pharmakologischer Wirkung über einer festgesetzten Höchstmenge vorhanden sind (Höchstmenge nach § 15 Abs. 3 Nr. 1 Buchstabe a bislang bei Eiern nur für Chlor-

amphenicol festgesetzt: 1 µg/kg = 1 ng/g = 1 ppb, Überschreitung strafbewehrt);
§ 15 Abs. 2:
Verbot des Inverkehrbringens, wenn nach Verabreichung von Arzneimitteln oder Zusatzstoffen zu Futtermitteln festgesetzte Wartezeiten nicht beachtet worden sind (Inverkehrbringen = strafbewehrt, Anwendung oder Einbringung in den Geltungsbereich des Gesetzes bei Fahrlässigkeit nur bußgeldbewehrt, Einhaltung der Wartezeit muß notfalls bezeugt werden können).

Die Qualität betreffend:
§ 17 Abs. 1 Nr. 1:
Verbot des Inverkehrbringens von zum Verzehr nicht geeigneten (Verbrauchererwartung) oder verdorbenen Lebensmitteln (häufiger Beanstandungsgrund, strafbewehrt; bei Fahrlässigkeit bußgeldbewehrt);
Abs. 1 Nr. 2 Buchstabe b:
Verbot des Inverkehrbringens von Lebensmitteln, die von der Verkehrsauffassung (Verbrauchererwartung) im Genußwert abweichen (im Wert geminderte Lebensmittel, unter Einschränkung noch genießbar) oder die den Anschein einer besseren Beschaffenheit als der tatsächlichen erwecken, sofern keine entsprechende Kenntlichmachung erfolgt (strafbewehrt, bei Fahrlässigkeit bußgeldbewehrt);
Abs. 1 Nr. 4:
Verbot von Angaben bzw. Hinweisen auf »naturrein«, »frei von Rückständen oder Schadstoffen« (Hinweise auf allgemein festgelegte Forderungen dürfen in der Werbung nicht benutzt werden, bußgeldbewehrt!);
Abs. 1 Nr. 5:
a) Verbot von Hinweisen auf Wirkungen, die wissenschaftlich nicht hinreichend belegt sind;
b) Verbot des Inverkehrbringens unter irreführenden Bezeichnungen oder täuschender Werbung (bei Eiern häufiger Beanstandungsgrund, z. B. irreführende Angabe zur Legehennenhaltung, »Landei« aus Käfighaltung, unrichtige Angaben der Güte- und Gewichtsklasse, des Herkunftsgebietes oder unrichtiges Abpackdatum usw., strafbewehrt, bei Fahrlässigkeit bußgeldbewehrt!).

In den **EU-Vermarktungsnormen für Eier** ist festgelegt, unter welchen Bedingungen die **Bezeichnung** »Eier aus Freilandhaltung«, »Eier aus Auslaufhaltung«, »Eier aus intensiver Bodenhaltung« und »Eier aus Volierenhaltung« benutzt werden darf.
Überdies sind Normen für die **Kennzeichnung** der Eier innerhalb der EG vorgeschrieben, sofern sie nicht unmittelbar vom Erzeuger an den Verbraucher abgegeben werden.
So gilt für die **Güteklasse A** oder »frisch«:
– Schale und Kutikula normal, sauber, unverletzt Luftkammerhöhe nicht über 6 mm, unbeweglich (Klasse »Extra« zur Zeit der Verpackung weniger als 4 mm);
– Eiklar klar, durchsichtig, gallertig, ohne fremde Einlagerungen;
– Dotter beim Durchleuchten nicht wesentlich von der zentralen Lage abweichend, ohne Auf- oder Einlagerungen;
– Keim nicht sichtbar entwickelt.
Im übrigen dürfen Eier der Klasse A keinen Fremdgeruch aufweisen, nicht gereinigt oder gewaschen und nicht unter +5 °C gekühlt worden sein.
Im Handel werden meist die **Gewichtsklassen** 1 (70 bis unter 75 g), 2 (65 bis unter 70 g) und 3 (60 bis unter 65 g) angeboten. Aus der Kennummer des Verpackungsbetriebes kann das EU-Land abgelesen werden. Lautet die erste Ziffer beispielsweise 2, so bedeutet dies »Bundesrepublik Deutschland«.
Enteneier müssen in der BRD die Aufschrift »Entenei – 10 Minuten kochen!« tragen.

Verordnung über die hygienischen Anforderungen an das Behandeln und Inverkehrbringen von Hühnereiern und roheihaltigen Lebensmitteln (Hühnerei-Verordnung vom 28. 05. 1993)
(Bundesanzeiger Nr. 99 vom 29. 05. 1993, S. 4965)

Aufgrund verschiedener Paragraphen des Lebensmittelgesetzes verordnete das Bundesministerium für Gesundheit Vorschriften zur Hemmung der Vermehrung möglicherweise vorkommender Salmonellen. Die Verordnung trat zwar am 30. 11. 1993 wieder außer Kraft, soll aber dann in einer EU-einheitlichen Regelung aufgehen.
Eier dürfen nach dieser Verordnung gewerbsmäßig als Lebensmittel nur in den Verkehr ge-

bracht werden, wenn sie vor allem vor Witterungseinflüssen geschützt und vom 18. Tag nach dem Legen an bis zur Abgabe bei einer Temperatur von +5 °C bis +8 °C gelagert wurden. Der Verbraucher findet auf den Packungen ein Mindesthaltbarkeitsdatum sowie den Verbraucherhinweis »bei Kühlschranktemperatur aufbewahren« und »nach Ablauf des Mindesthaltbarkeitsdatums durcherhitzen«. Auf der Verpackung und auf dem Ei muß das Legedatum oder auf der Verpackung der Hinweis »vom ... (Tag und Monat) an bei +5 °C bis +8 °C zu kühlen« angegeben sein. Werden Hühnereier lose an den Verbraucher abgegeben, müssen die entsprechenden Hinweise auf einem Schild neben der Ware oder auf einem Begleitzettel angegeben werden.
Die Hinweise sind jedoch nicht erforderlich, wenn die Hühnereier ab Hof, auf einem ortsüblichen Markt oder im Verkauf an der Tür *unmittelbar* an den Verbraucher abgegeben werden, sofern die Eier aus *eigener* Erzeugung stammen und nicht älter als 18 Tage sind.
Für Gaststätten, Gemeinschaftsverpflegung und Gewerbebetriebe gelten weitere Vorschriften.
Weitere Bestimmungen sind in einer geplanten Zoonosen-Verordnung vorgesehen.

Umgang mit Giften
Das Verdampfen von **Formalin** (Begasung) ist seit 1991 nur unter Einhaltung bestimmter Vorschriften gestattet: Erlaubnis von Gesundheitsamt oder Umweltschutzbehörde, Befähigungsschein, Alter über 18 Jahre, Sachkunde, keine Überschreitung einer festgelegten Konzentration im Kubikmeter Luft, Niederschrift usw.

Geflügelfleischhygienegesetz

(GFlHG vom 12. 07. 1973, BGBl. I, Seite 773) und Änderungsgesetz vom 25. 02. 1976 (BGBl. I, Seite 385)

Im **Geflügelfleischhygienegesetz** werden die hygienischen Anforderungen an frisches Geflügelfleisch und die Mindestanforderungen an Schlachtbetriebe geregelt. Einzelheiten zu den Forderungen des Geflügelfleischhygienegesetzes sind zusätzlich in der Geflügelfleischmindestanforderungen-Verordnung und in der Geflügelfleischuntersuchungs-Verordnung festgelegt. Hinweise zur Beurteilung krankhafter Veränderungen sind auf Seite 36 wiedergegeben.
Für kleine Hühnerhaltungen bietet die **Geflügelfleischausnahme-Verordnung** nach § 37 Abs. 2 GFlHG die Möglichkeit der Verwertung der geschlachteten Tiere nicht nur im eigenen Haushalt, sondern auch über den Verkauf auf Wochenmärkten im Umkreis von 50 km oder in *einem* Einzelhandelsgeschäft derselben oder *einer* benachbarten Gemeinde unter folgenden Auflagen: jährlich zweimalige Überprüfung der Hygiene der Tierhaltung, der Schlachtung des Geflügels und der Behandlung des frischen Geflügelfleisches durch den amtlichen Tierarzt und Mitführen der auf Antrag des Tierbesitzers ausgestellten Bescheinigung des amtlichen Tierarztes.
Schlachten, Behandeln und Abgabe von Lebensmitteln (Fleisch einschließlich Geflügel) über den eigenen Bedarf hinaus und gegen Entgelt hat entsprechend den Vorschriften in der allgemeinen Hygieneverordnung der Länder zu erfolgen. Eine einheitliche EU-Richtlinie ist in Vorbereitung.

Desinfektionsmitteltabellen

Tab. 17. Notwendige Einwirkungszeiten bei der Stalldesinfektion an einigen Beispielen aus der »7. Liste der nach den Richtlinien der DVG geprüften und als wirksam befundenen Desinfektionsmittel für die Tierhaltung (Handelspräparate)«

Mindesteinwirkungszeit in Stunden (h) bei Ausbringung von 0,4 l Gebrauchslösung pro m^2 Oberfläche, Anwendungskonzentration in Volumenprozent (% vol)

Name	Hersteller/ Vertreiber*	Wirkstoffe	Bakterizidie		Tuber-kulozidie	Fungi-zidie	Viruzidie		Anti-parasitäre Wirkung
			spez. Des.	vorb. Des.			viruzid	begrenzt viruzid	
1	2	3	4a	4b	5	6	7a	7b	8
Aldekol-Des-02	* EWABO-Chemikalien GmbH Kolpingstr. 4 D-49835 Wietmarschen	Aldehyde,Quat. Ammonium-verbindungen, Alkohole	2% 3h	1% 2h		2% 2h	2% 3h	2% 1h	
Chevi 45 N	* chevita GmbH Raiffeisenstr. 2 D-85276 Pfaffenhofen	Aldehyde	1% 1h	1% 1h		1% 1h	1% 3h	0,5% 0,5h	
Circosept	* Westfalia Separator AG Werner-Habig-Str. 1 D-59302 Oelde	Aldehyde, Quat. Ammonium-verbindungen	2% 2h oder 1% 4h	0,5% 1h		2% 2h	3% 3h	1% 1h	
Club-TGV 3-2	* Club-Kraftfutterwerke Hovestr. 31-33 D-20539 Hamburg	Aldehyde, Alkohole	2% 2h oder 1% 4h	1% 1h		2% 2h	1% 3h oder 2% 2h	1% 1h	
Delegol SR	* Bayer AG Bayerwerk D-40789 Leverkusen	organ. Säuren, Alkohol, Tenside	2% 2h oder 1% 4h	1% 1h		1% 1h	1% 2h	1% 0,5h	
Dessau DES	* Impfstoffwerk Dessau-Tornau GmbH Streetzer Weg D-06862 Rodleben	versch. Aldehyde	1% 4h	1% 1h		1% 4h	1% 2h	1% 1h	
Dessau DES endo	* Impfstoffwerk Dessau-Tornau GmbH	4-Hexyl-resorcin							5% 2,5h (auf Spul-wurmeier)
Dessau DES forte	* Impfstoffwerk Dessau-Tornau GmbH	organ. Säuren, Alkohol, Tenside	2% 2h oder 1% 4h	1% 1h		1% 1h	1% 2h	1% 0,5h	
Dessau DES plus	* Impfstoffwerk Dessau-Tornau GmbH	Aldehyde	1% 2h	1% 1h		1% 2h	2% 1h oder 1% 3h	1% 1h	

Tab. 17 (Fortsetzung)

Name	Hersteller/ Vertreiber*	Wirkstoffe	Bakterizidie		Tuberkulozidie	Fungizidie	Viruzidie		Antiparasitäre Wirkung
			spez. Des.	vorb. Des.			viruzid	begrenzt viruzid	
1	2	3	4a	4b	5	6	7a	7b	8
JEME-ODES B 1	* JEME-Tierzuchtbedarf – Hygiene Meusel Neuburger Str. 25 D-91161 Hilpoltstein	Aldehyde	1 % 2 h	0,5 % 1 h		1 % 2 h	1 % 2 h	0,5 % 3 h	
JEME-OKOK 3	* JEME-Tierzuchtbedarf – Hygiene Meusel	Phenole, Alkohol, Perchlorethylen							5 % 2,5 h
JEME-OKOK 5	* JEME-Tierzuchtbedarf – Hygiene Meusel	Phenolverbindungen, Schwefelkohlenstoff, Chlorophorm							5 % 2,5 h (auf Spulwurmeier)
JEME-OSEPT C	* JEME-Tierzuchtbedarf – Hygiene Meusel	Aldehyde, Quat. Ammoniumverbindungen, Alkohole	2 % 3 h	1 % 2 h		2 % 2 h	2 % 3 h	2 % 1 h	
HAKA FD N-Flächendesinfektion	* Hakawerk W. Schlotz & H. Kunz GmbH Postfach 12 80 D-71108 Waldenbuch	Aldehyde, kationische Tenside	2 % 3 h	1 % 2 h		2 % 3 h	3 % 4 h	1 % 3 h	
Lomasept L 20	TAD-Pharmazeutisches Werk GmbH Postfach 7 20 D-27457 Cuxhaven	Phenolverbindungen, Schwefelkohlenstoff, Chloroform							5 % 2 h
Lysovet V 1	Schülke & Mayr GmbH	Aldehyde	1 % 2 h	1 % 1 h		1 % 4 h	1 % 2 h	1 % 1 h	
Lysovet PA – phenolfreie Formulierung –	Schülke & Mayr GmbH	Aldehyde Alkohole	2% 2h	2% 1h	5% 4h	2% 1h	2% 2h	1 % 1 h	
M & ENNO-VETERINÄR B	MENNO-Chemie-Vertriebs-GmbH Langer Kamp 104 D-22850 Norderstedt	versch. Aldehyde	1 % 4 h	1 % 1 h		1 % 4 h	1 % 2 h	1 % 1 h	
Multisept	MFH »Marienfelde« GmbH Stresemannstr. 364–368 D-22761 Hamburg	Aldehyde	2 % 2 h	1 % 1 h		2 % 2 h	2 % 2 h	1 % 1 h	
NEO-PREDISAN	MENNO-Chemie-Vertriebs-GmbH	Kresole							5 % 4 h (auf Spulwurmeier)
Orbivet®	Schülke & Mayr GmbH	Aldehyde, Alkohole	2 % 2 h	1 % 1 h		2 % 2 h	1 % 3 h	1 % 1 h	

Tab. 17 (Fortsetzung)

Name	Hersteller/ Vertreiber*	Wirkstoffe	Bakterizidie		Tuber-kulozidie	Fungi-zidie	Viruzidie		Anti-parasitäre Wirkung
			spez. Des.	vorb. Des.			viruzid	begrenzt viruzid	
1	2	3	4a	4b	5	6	7a	7b	8
P3-Incidin 04	Henkel Hygiene GmbH, PF 130 406 D-40554 Düsseldorf	Aldehyde	1 % 1 h	1 % 1 h		1 % 1 h	1 % 3 h	0,5 % 0,5 h	
Schau-mann-Endosan	H. W. Schaumann Postfach 20 62 D-25410 Pinneberg	4-Hexyl-resorcin							5 % 2,5 h (auf Spul-wurmeier)
Schau-mann-Endosan forte	H. W. Schaumann	Kresole							5 % 4 h (auf Spul-wurmeier)
Schau-mann-Organosept	H. W. Schaumann	organ. Säuren, Alkohol, Tenside	2 % 2 h oder 1 % 4 h	1 % 1 h		1 % 1 h	1 % 2 h	1 % 0,5 h	
TAD CID	TAD Pharmazeuti-sches Werk GmbH	Aldehyde	1 % 2 h	0,5 % 1 h		1 % 2 h	1 % 2 h	0,5 % 3 h	
TEGO vet	Goldschmidt AG Postfach 10 14 61 D-45014 Essen	Aldehyde, Quat. Ammonium-verbindungen	2 % 2 h oder 1 % 4 h	0,5 % 1 h		2 % 2 h	3 % 3 h	1 % 1 h	
VENNO-ENDO VI	MENNO-Chemie-Vertriebs-GmbH	4-Hexyl-resorcin							5 % 2,5 h (auf Spul-wurmeier)
VENNO-FF super	VENNO GmbH D-22848 Norderstedt	Aldehyde	1 % 2 h	1 % 1 h		1 % 2 h	2 % 1 h oder 1 % 3 h	1 % 1 h	
VENNO-VET 1	VENNO GmbH	organ. Säuren, Alkohol, Tenside	2 % 2 h oder 1 % 4 h	1 % 1 h		1 % 1 h	1 % 2 h	1 % 0,5 h	
Virkon S	Shell Agrar GmbH & Co. KG Ingelheim D-55218 Ingelheim	Peroxid-Verbin-dungen, ober-flächenaktive Substanzen, organ. Säuren	5 % 3 h	3 % 1 h		5 % 3 h	3 % 1 h	3 % 1 h	

Spalte 2: Die vollständige Firmenadresse ist nur bei der jeweils ersten Nennung angegeben.

Spalte 4a: »Spezielle Desinfektion«: Gezielte Maßnahme gegen bestimmte Erreger bakterieller Infektionskrankheiten mit Ausnahme von Bakteriensporen (i. d. R. in nicht belegten Stallungen oder Stallabteilungen bzw. auf Flächen oder Geräten ohne gleichzeitigen Tierkontakt).

Spalte 4b: »Vorbeugende Desinfektion«: Hygienische Maßnahme zur allgemeinen Verminderung des Bakteriengehaltes in belegten und unbelegten Stallungen (z. B. in Hygiene-Programmen), auch geeignet zur Hygiene-Prophylaxe bei Dermatomykosen (z. B. Trichophytie).

Spalte 6: »Fungizid«: Breites Wirkungsspektrum gegen Mykosenerreger einschließlich *Candida*-Arten (Testkeim *Candida albicans*), Haut- und Schimmelpilze.

Spalte 7a: »Viruzid«: Wirksam gegen unbehüllte und behüllte Viren.

Spalte 7b: »Begrenzt viruzid«: Nur wirksam gegen Viren mit Hülle.

Spalte 8: Wirksam gegen Dauerformen von Endoparasiten.

Tab. 18. Notwendige Einwirkungszeiten bei der Desinfektion im Lebensmittelbereich an einigen Beispielen aus der »3. Liste der nach den Richtlinien der DVG geprüften und als wirksam befundenen Desinfektionsmittel für den Lebensmittelbereich (Handelspräparate)«
Stand: 1. Juli 1993

Mindesteinwirkungszeit in Minuten (') bei Ausbringung von 0,4 l Gebrauchslösung pro m² Oberfläche, Anwendungskonzentration in Volumenprozent (% vol)

Name	Hersteller/ Vertreiber*	Wirkstoffe	°C (Temperatur)		wenig belasteter Bereich				belasteter Bereich			
					Bakterizidie		Fungizidie		Bakterizidie		Fungizidie	
					30'	60'	30'	60'	30'	60'	30'	60'
1	2	3	4	5	6a	6b	7a	7b	8a	8b	9a	9b
CALGONIT SAN	* Laporte ESD Dr. Albert-Reimann-Str. D-68526 Ladenburg/Neckar	organ. Säuren	A	20	0,5	0,5	0,25	0,1	2,0	2,0	2,0	2,0
				10	2,0	1,0	0,5	0,5	4,0	2,0	2,0	2,0
CALGONIT SAQ	Laporte ESD	Quat. Ammoniumverbindungen	A	20	3,0	2,0	0,25	0,125	–	3,0	1,0	0,5
CALGONIT SAQ-10	Laporte ESD	Quat. Ammoniumverbindungen	A	20	0,25	0,25	0,1	0,1	1,0	1,0	0,25	0,25
P3-steril	Henkel Hygiene GmbH Postfach 13 04 06 D-40554 Düsseldorf	Quat. Ammoniumverbindungen	A	20	1,5	1,0	0,5	0,25	2,0	2,0	0,75	0,5
			B	20	1,5	1,0	0,5	0,25	1,5	1,0	0,75	0,5
QUARTACID® K NEU	Schülke & Mayr GmbH Robert-Koch-Str. 2 D-22840 Norderstedt	Quat. Ammoniumverbindungen, Biguanid, Alkohol	A	20	1,0	0,5	0,25	0,25	1,5	1,0	0,5	0,5
				10	–	2,0	0,5	0,25	–	3,0	1,0	1,0
Quartasept B/F	Schülke & Mayr GmbH	Quat. Ammonium-Verbindungen	A	20	1,0	0,5	0,125	0,125	3,0	2,0	0,5	0,25
				10	–	–	0,125	0,125	–	–	4,0	2,0
Quatohex	B. Braun Melsungen AG Carl-Braun-Str. 1 D-34312 Melsungen	Quat. Ammoniumverbindungen, Biguanide	A	20	0,25	0,125	0,25	0,1	0,5	0,5	0,5	0,25
				10	1,0	–	0,5	–	3,5	–	2,0	–
SAGROTAN-Schnell-desinfektions-reiniger	Schülke & Mayr GmbH	Alkohole (zur Sprühdesinfektion)	A	20	100	100	100	100	100	100	100	100
Septolit	Henkel Hygiene GmbH	Quat. Ammoniumverbindungen, Biguanid	A	20	0,75	0,5	0,5	0,5	1,0	1,0	1,0	0,5
				10	2,5	1,5	1,0	1,0	3,5	2,5	2,0	2,0
VENNO-DA 20	MENNO-Chemie-Vertriebs-GmbH Langer Kamp 104 D-22850 Norderstedt	Quat. Ammoniumverbindungen	A	20	0,25	0,25	0,1	0,1	1,0	1,0	0,25	0,25

VENNO-OS	MENNO-Chemie-Vertriebs-GmbH	organ. Säuren	A	20 10	0,5 2,0	0,5 1,0	0,25 0,5	0,1 0,5	2,0 4,0	2,0 2,0	2,0 2,0	2,0 2,0
VENNO-SPRAY	MENNO-Chemie-Vertriebs-GmbH	Alkohole, organ. Säuren	A	20 10	100 100	100 100	100 100	100 100	100 100	100 100	100 100	100 100
		(zur Sprüh-desinfektion)	B	20 10	100 100	100 100	100 100	100 100	100 100	100 100	100 100	100 100

Bei weiteren im Handel befindlichen Präparaten ergeben sich Anhaltspunkte zur Einwirkungszeit bei Vergleich der Inhaltsstoffe mit den aufgeführten Wirkstoffen.
Spalte 2: Die vollständige Firmenadresse ist nur bei der jeweils ersten Nennung angegeben.
Spalte 4, Tabelle 18: A = Lebensmittel tierischer Herkunft außer Milch einschließlich gewerblicher Küchenbereiche
B = Milch und Milchprodukte

Zu Tabelle 17 Spalte 7a: Unbehüllte Viren

Virus-gruppe	Wichtigste Virusarten bzw. Krankheiten	empfänglich
Picorna	Maul- und Klauenseuche	Wiederkäuer, Schwein
	Rhinoviren (Schnupfen)	Schwein Pferd, Rind, (Mensch)
	Kükenencephalomyelitis	*Huhn*
	Entenhepatitis	*Ente*
Calici	felines Calicivirus (Schnupfen)	Katze
Reo	Reoviren	Säuger, *Geflügel*
	Rotaviren (Säuglings-enteritiden)	Säuger
	Gumboro (infekt. Bursitis)	*Geflügel*
Parvo	Parvovirosen	Rind, Schwein, (Mensch)
	Gastroenteritis/ Myocarditis	Hund
	Panleukopenie (Katzenseuche)	Katze
	Nerzenteritis	Nerz
	Gänsehepatitis (Derzsysche Krankheit)	*Gans*
Papova	Papillomviren	Säuger
Adeno	Hundehepatitis (HCC)	Hund
	Adenoviren	Säuger, *Geflügel*

Bei allen gelisteten Mitteln ist bei Anwendung in der Praxis auf besondere, im Einzelfall spezifische Gegebenheiten zu achten. Den verschiedenen Formen der Tierhaltung – vom großen Nutztier bis zum Ziervogel – kommt beim Einsatz eines Desinfektionsmittels unter Feldbedingungen eine besondere Bedeutung zu.

Zu Tabelle 17 Spalte 7b: Behüllte Viren

Virus-gruppe	Wichtigste Virusarten bzw. Krankheiten	empfänglich
Toga	Europäische Schweinepest	Schwein
	Mucosal Disease/Virus-diarrhoe	Rind
	Zeckenencephalitis	Wiederkäuer (Mensch)
	Pferdeencephalomyelitiden	Pferd, (Mensch)
Orthomyxo	Influenza, klassische Geflügelpest	Säuger, *Geflügel*
Paramyxo	Parainfluenza	Säuger
	Newcastle Disease	*Geflügel*
	Respiratory-Syncytial-Viren	Säuger
	Staupe	Hund
	Rinderpest	Rind
Rhabdo	Tollwut	Säuger
Retro	Leukosen, Sarkome	Säuger, *Geflügel*
	Infektiöse Anämie	Pferd
	Visna-Maedi	Schaf, Ziege
	HIV (AIDS)	Mensch
Corona	Übertragbare Gastroenteritis	Schwein
	Coronavirus-Enteritiden	Säuger, Puten
	Infektiöse Bronchitis	*Huhn*
	Infektiöse Peritonitis	Katze
Arena	Lymphozitäre Chorio-meningitis	Nager, (Mensch)
Herpes	Pseudowut (Aujeszky)	Säuger
	IBR-IPV (Nasen-Lungen-Entzündung, Bläschenausschlag)	Rind
	Rhinopneumonitis-Stutenabort	Pferd
	Infektiöse Laryngotracheitis	*Huhn*
	Marieksche Hühnerlähmung	*Huhn*
	Rhinotracheitis (Schnupfen)	Katze
Pox	Pocken	Säuger, *Geflügel*
	Myxomatose	Kaninchen
	Parapocken,Ecthyma	Rind, Schaf, (Mensch)

Tierärztliche Untersuchungsstellen

Baden-Württemberg

88326 Aulendorf: Staatl. Tierärztliches Untersuchungsamt, Löwenbreitestr. 20, Postfach 11 27, Tel.: (0 75 25) 20 20

88326 Aulendorf: Geflügelgesundheitsdienst der Tierseuchenkasse Baden-Württemberg, Talstraße 17, Tel.: (0 75 25) 2 02 72

79108 Freiburg: Tierhygienisches Institut, Am Moosweiher 2, Tel.: (07 61) 1 60 11

69115 Heidelberg: Staatl. Tierärztliches Untersuchungsamt, Czernyring 22 a/b, Tel.: (0 62 21) 2 36 02-3 (Tel. Geflügelgesundheitsdienst (0 62 21) 92 70 00)

70174 Stuttgart: Geflügelgesundheitsdienst im Staatl. Tierärztlichen Untersuchungsamt Stuttgart, Azenbergstr. 16, Tel.: (07 11) 20 23-3 40, -3 56

Bayern

85586 Grub bei München/Post Poing, Tiergesundheitsdienst Bayern e.V., Senator-Gerauer-Straße 23, Tel.: (0 89) 90 91-0, Expreßstation: 85622 Feldkirchen bei München

90419 Nürnberg: Landesuntersuchungsamt für das Gesundheitswesen Nordbayern, Heimerichstraße 31, Tel.: (09 11) 3 71 45, Telefax (09 11) 39 04 78

85764 Oberschleißheim: Landesuntersuchungsamt für das Gesundheitswesen Südbayern, Veterinärstraße 2, Tel.: (0 89) 3 15 60-1

85764 Oberschleißheim: Institut für Geflügelkrankheiten, Lehrstuhl für Geflügelkunde, Veterinärstr. 3, Tel.: (0 89) 3 15 40 29, Expreßstation: 85716 Lohhof

93055 Regensburg: Tiergesundheitsdienst Bayern e. V., Geschäftsstelle Oberpfalz-Süd, An der Irler Höhe 3a, Tel.: (09 41) 79 22 96

Berlin

14195 Berlin, Koserstraße 21, Institut für Geflügelkrankheiten, Tel.: (0 30) 8 38 38 61

10557 Berlin, Invalidenstraße 60, Landesuntersuchungsinstitut für Lebensmittel, Arzneimittel und Tierseuchen Berlin, Tel.: (0 30) 3 97 05-1

12621 Berlin-Kaulsdorf, Brodauerstraße 16–22, Landesuntersuchungsinstitut für Lebensmittel, Arzneimittel und Tierseuchen Berlin, örtlicher Bereich, Tel.: (0 30) 5 27 97 11

Brandenburg

03044 Cottbus, Schlachthofstraße 18, Staatliches Veterinär- und Lebensmitteluntesuchungsamt, Tel.: (03 55) 2 53 51/24

15234 Frankfurt/O., Fürstenwalder Poststraße 73, Staatliches Veterinär- und Lebensmitteluntersuchungsamt, Tel.: (03 35) 32 60 80

14469 Potsdam-Bornstedt, Pappelallee 2, Veterinär- und Lebensmitteluntersuchungsamt Potsdam, Tel.: (03 31) 31 20

Bremen

28217 Bremen, Staatl. Veterinäruntersuchungsamt, Utbremer Straße 67, Tel.: (04 21) 3 97 81 06

27572 Bremerhaven-F.: Staatl. Veterinäramt, Freiladestraße, Abt. 1–2, Tel.: (04 71) 7 20 41-2, 7 50 38-9

Hamburg

20357 Hamburg: Lagerstraße 36, Veterinär-Untersuchungsanstalt, Tel.: (0 40) 4 31 63-2 43, 35 04-29 16

Hessen

60528 Frankfurt: Staatliches Medizinal-, Lebensmittel- u. Veterinäruntersuchungsamt Südhessen, Außenstelle Frankfurt, Deutschordenstraße 41, Tel.: (0 69) 67 80 20

35392 Gießen: Institut für Geflügelkrankheiten, Fachbereich Veterinärmedizin. Justus-Liebig-Universität, Frankfurter Straße 87, Tel.: (06 41) 7 02 48 65, 7 02 48 67

35396 Gießen: Staatliches Medizinal-, Lebensmittel- u. Veterinäruntersuchungsamt Mittelhessen, Marburger Str. 54, Postfach 63 06, Tel.: (06 41) 30 06-0

34131 Kassel: Staatl. Medizinal-, Lebensmittel- und Veterinäruntersuchungsamt, Druseltalstraße 67, Tel.: (05 61) 3 10 10

Mecklenburg-Vorpommern

17489 Greifswald: Landesveterinär- und Lebensmitteluntersuchungsamt Rostock, Außenstelle Greifswald, Rudolf-Petershagen-Allee 1, Tel.: (0 38 34) 50 31

17034 Neubrandenburg: Demminerstraße 46–48, Landesveterinär- und Lebensmitteluntersuchungsamt Rostock – Außenstelle Neubrandenburg, Postfach 331, Tel.: (03 95) 4 20 11

18059 Rostock: Thierfelder Straße 18/19, Landesveterinär und Lebensmitteluntersuchungsamt Rostock, Postfach 20 64, Tel.: (03 81) 3 76 21

19057 Schwerin-Neumühle: Neumühler Straße 10–12, Landesveterinär- und Lebensmitteluntersuchungsamt Rostock, Außenstelle Schwerin, Tel.: (03 85) 86 70

Niedersachsen

26603 Aurich: Tiergesundheitsamt – Nebenstelle, Am Pferdemarkt 1, Tel.: (0 49 41) 25 01

38124 Braunschweig: Staatliches Veterinär-Untersuchungsamt, Dresdenstraße 6, Tel.: (05 31) 4 84-12 00

37073 Göttingen: Tierärztliches Institut der Universität, Groner Landstraße 2, Tel.: (05 51) 39 33 91 od. 82

30165 Hannover: Tiergesundheitsamt der Landw.-Kammer, Vahrenwalder Straße 133, Tel.: (05 11) 3 66 56 18

30173 Hannover: Staatliches Veterinär-Untersuchungsamt, Eintrachtweg 17, Tel.: (05 11) 81 80 97

26121 Oldenburg i. O.: Tiergesundheitsamt der Landwirtschaftskammer Weser-Ems, Marsla-Tour-Straße 1, Tel.: (04 41) 8 01-6 44, mit Nebenstellen in Meppen und Osnabrück:

49716 Meppen: Tiergesundheitsamt – Nebenstelle, August-Prieshof-Straße 1, Tel.: (0 59 31) 70 14-70 16

49074 Osnabrück: Tiergesundheitsamt – Nebenstelle, Neuer Graben 19/21, Tel.: (05 41) 33 10 20, nur Annahmestelle

21680 Stade: Staatliches Veterinär-Untersuchungsamt, Heckenweg 6, Tel.: (0 41 41) 21 90 und 38 69

Nordrhein-Westfalen

59821 Arnsberg: Staatliches Veterinär-Untersuchungsamt, Zur Taubeneiche 10/12, Tel.: (0 29 31) 18 05-18 07

53229 Bonn (Roleber): Tiergesundheitsamt der Landwirtschaftskammer Rheinland, Siebengebirgsstraße 200, Postfach 30 07 09, Tel. (02 28) 4 34-0

53115 Bonn: Institut für Anatomie, Physiologie und Hygiene der Haustiere der Universität Bonn, Katzenburgweg 7, Tel.: (02 28) 73 28 04

32756 Detmold: Staatliches Veterinär-Untersuchungsamt, Berliner Allee 1, Tel.: (0 52 31) 2 68 54-55

47798 Krefeld: Staatliches Veterinär-Untersuchungsamt, Deutscher Ring 100, Tel.: (0 21 51) 8 49-0, Telefax: (0 21 51) 84 93 02

48147 Münster: Landwirtschaftskammer Westfalen-Lippe, Institut für Tiergesundheit, Milchhygiene und Lebensmittelqualität, Nevinghoff 40, Tel.: (02 51) 23 76-7 15/6 86

48149 Münster: Staatliches Veterinär-Untersuchungsamt, Von-Esmarch-Straße 12, Postfach 76 01, Tel.: (02 51) 89 03-0

Rheinland-Pfalz

56073 Koblenz: Landesveterinäruntersuchungsamt Rheinland-Pfalz, Blücherstraße 34, Tel.: (02 61) 40 40 50

Saarland

66121 Saarbrücken: Staatliches Institut für Gesundheit und Umwelt, Abt. Veterinärmedizin, Hellwigstraße 8–10, Tel.: (06 81) 6 04-2 72

Sachsen

09131 Chemnitz: Hans-Link-Straße 5, Staatliches Veterinäruntersuchungs- und Tiergesundheitsamt Chemnitz, Tel.: (03 71) 41 02 48-49

09126 Chemnitz: Zschopauer Straße 186, Untersuchungsamt I, Tel.: (03 71) 5 02 51

01099 Dresden: Jägerstraße 8, PSF 547, Staatl. Veterinäruntersuchungs- und Tiergesundheitsamt, Tel.: (03 51) 5 96 10

04103 Leipzig: Goldschmidt-Straße 21, Staatl. Veterinäruntersuchungs- und Tiergesundheitsamt, Postfach 803, Tel.: (03 41) 29 36 77/78

Sachsen-Anhalt

06112 Halle: Freiimfelder Straße 66–68, Veterinäruntersuchungs- und Lebensmittelkontrollamt Halle, Tel.: (03 45) 3 82 31

39576 Stendal: Haferbreiter Weg 132–135, Veterinäruntersuchungs- und Lebensmittelkontrollamt, Tel.: (0 39 31) 40 51-64

Schleswig-Holstein

24116 Kiel: Landwirtschaftliche Untersuchungs- und Forschungsanstalt mit Institut für Wirkstoffprüfung und Institut für Tiergesundheit und Lebensmittelqualität, Gutenbergstr. 75–77, Postfach 30 67, Tel.: (04 31) 1 69 04-0

24537 Neumünster: Lebensmittel- und Veterinäruntersuchungsamt des Landes Schleswig-Holstein, Max-Eyth-Straße 5, Tel.: (0 43 21) 50 17 + 5 37 70

Thüringen

99947 Bad Langensalza: Tennstädter Straße, Institut für Veterinärwesen Bad Langensalza, Tel.: (0 36 03) 5 11

07743 Jena-Zwätzen: Naumburger Straße 96 b, Institut für Veterinärwesen, Tel.: (0 36 41) 41 11 10

98617 Meiningen: Joh.-Brahms-Str. 15, Veterinäruntersuchungs- und Tiergesundheitsamt Südthüringen-Meiningen, Tel.: (0 36 93) 7 62 12

Untersuchungsanstalten für Futtermittel

53229 **Bonn:** Landwirtschaftliche Untersuchungs- und Forschungsanstalt, Siebengebirgsstraße 200, Postfach 30 07 09, Tel.: (02 28) 4 34-0

64295 **Darmstadt:** Hessische Landwirtschaftliche Versuchsanstalt – Landwirtschaftliches Untersuchungsamt – Rheinstraße 91, Tel.: (0 61 51) 89 60 91

85354 **Freising:** Bayerische Landesanstalt für Bodenkultur und Pflanzenbau Vöttinger Straße 38, Tel.: (0 81 61) 7 10
Menzinger Straße 54, 80638 München, Tel.: (0 89) 1 79 91

20355 **Hamburg:** Institut für Angewandte Botanik, Marseiller Straße 7, Tel.-Sammel-Nr. (0 40) 41 23 23 62

31787 **Hameln:** Landwirtschaftliche Untersuchungs- und Forschungsanstalt, Finkenborner Weg 1 A, Postfach 10 06 55, Tel.: (0 51 51) 60 84-0

76227 **Karlsruhe-Durlach:** Staatliche Landwirtschaftliche Untersuchungs- und Forschungsanstalt Augustenberg, Neßlerstraße 23, Tel.: (07 21) 4 64 71, Postanschrift: 76227 Karlsruhe, Postfach 43 02 30

34128 **Kassel-Harleshausen:** Hessische Landwirtschaftliche Versuchsanstalt, Am Versuchsfeld 11–13, Tel.: (05 61) 88 50 41

24116 **Kiel:** Landwirtschaftliche Untersuchungs- und Forschungsanstalt mit Institut für Wirkstoffprüfung und Institut für Tiergesundheit und Lebensmittelqualität, Gutenbergstraße 75–77, Postfach 30 67, Tel.: (04 31) 1 69 04-0

80638 **München:** Bayerische Landesanstalt für Bodenkultur und Pflanzenbau (LBP), Dienstsitze: Menzinger Straße 54, Tel.:

(0 89) 1 79 91 und Vöttinger Straße 38, 85354 Freising, Tel.: (0 81 61) 7 10

48147 **Münster (Westf.):** Landwirtschaftliche Untersuchungs- und Forschungsanstalt – Joseph-König-Institut, Nevinghoff 40, Tel.: (02 51) 23 76-7 45

26121 **Oldenburg (Oldb.):** Landwirtschaftliche Untersuchungs- und Forschungsanstalt der Landwirtschaftskammer Weser-Ems, Jägerstraße 23–27, Tel.: (04 41) 80 10

67346 **Speyer:** Landwirtschaftliche Untersuchungs- und Forschungsanstalt, Obere Langgasse 40, Tel.: (0 62 32) 7 60 26 u. 7 60 27

70599 **Stuttgart (Hohenheim):** Landesanstalt für landwirtschaftliche Chemie (710) Universität Hohenheim, Postfach 70 05 62, Tel.: (07 11) 4 59/26 71

85354 **Freising-Weihenstephan:** Hauptversuchsanstalt für Landwirtschaft der Technischen Universität München, Tel.: Freising (0 81 61) 71-33 81/82

Ergänzende Fachliteratur

BESSEI, W.: Bäuerliche Hühnerhaltung. Verlag Eugen Ulmer, Stuttgart 1988.

DORN, P.: Handbuch der Geflügelkrankheiten. Verlag Eugen Ulmer, Stuttgart 1971.

HAIDER, G. und MONREAL, G.: Krankheiten des Wirtschaftsgeflügels, Band I und Band II. Gustav Fischer Verlag, Jena–Stuttgart 1992.

HILBRICH, P.: Krankheiten des Geflügels. Verlag Hermann Kuhn, Villingen–Schwenningen 1978.

KÜHNEMANN, H.: Wir halten Nutztiere – Geflügel – Schafe – Ziegen – Bienen. Verlag Eugen Ulmer, Stuttgart 1988.

LUTTITZ, H. v.: Enten und Gänse halten. Verlag Eugen Ulmer, Stuttgart 1987.

PEITZ, B. und PEITZ, L.: Hühner halten. Verlag Eugen Ulmer, Stuttgart 1987.

SAMBRAUS, H. H.: Atlas der Nutztierrassen. Verlag Eugen Ulmer, Stuttgart 1989.

SIEGMANN, O.: Kompendium der Geflügelkrankheiten. Verlag M. & H. Schaper, Hannover 1992.

SCHLIESSER, T. und STRAUCH, D.: Desinfektion in der Tierhaltung, Fleisch und Milchwirtschaft. Ferdinand Enke Verlag, Stuttgart 1981.

SCHOLTYSSEK, S.: Geflügel. Verlag Eugen Ulmer, Stuttgart 1987.

SCHOLTYSSEK, S. und DOLL, P.: Nutz- und Ziergeflügel. Verlag Eugen Ulmer, Stuttgart 1978.

SCHWARZE, E. und SCHRÖDER, L.: Kompendium der Geflügelanatomie. Gustav Fischer Verlag, Stuttgart–New York 1977.

Sachregister

halbfett = Farbabbildungen